中国环境保护倡导指南

马天南 主编

知识产权出版社
全国百佳图书出版单位

内容提要

本手册共分六个主要章节，分别就环境保护倡导工作的基础、准备、方法、策略、合作互动、法律保障进行了专题讨论。全书的内容以叙述定义、介绍工具、分析案例以及讨论问题为主，辅以行动小贴士，以期为读者呈现实用、易读的阅读体验。

责任编辑：龙　文　　　　责任出版：卢运霞

特约编辑：李怡婷　　　　装帧设计：开元图文

图书在版编目（CIP）数据

中国环境保护倡导指南/马天南主编.—北京：知识产权出版社，2011.9

ISBN 978-7-5130-0776-4

Ⅰ. ①中… Ⅱ.①马… Ⅲ.①环境保护—中国—指南 Ⅳ.①X-12

中国环境保护倡导指南

Zhongguo Huanjing Baohu Changdao Zhinan

马天南　主编

出版发行：知识产权出版社

社　　址：北京市海淀区马甸南村1号　　邮　　编：100088

网　　址：http://www.ipph.cn　　邮　　箱：bjb@cnipr.com

发行电话：010-82000860转8101/8102　　传　　真：010-82005070/82000893

责编电话：010-82000860转8123　　责编邮箱：longwen@cnipr.com

印　　刷：北京富生印刷厂　　经　　销：新华书店及相关销售网点

开　　本：880mm×1230mm 1/32　　印　　张：7.5

版　　次：2011年9月第1版　　印　　次：2011年9月第1次印刷

字　　数：200千字　　定　　价：20.00元

ISBN 978－7－5130－0776－4／X·013（3682）

编　委　会

主　编：马天南

副主编：王灿发

编　委：（按汉语拼音顺序排序）

窦丽丽　侯佳儒　吕　妍　李立峰　邱戊琴　张伯驹

顾问委员会：

Bjarne Andreasen　Francesco Castellani　Tiziana Tota　朱健刚

特别感谢丹麦人权研究中心对本书出版的大力支持！

本书图片基本来自案例提供方的伙伴，在此一并感谢！

序一

张秀兰

我愿意在马天南女士主编的《中国环境保护倡导指南》一书的出版之际说几句话。

对于NGO中的环保志愿者，我向来心存敬意，原因有二：第一，是因为他们怀有万世之忧思。他们超越眼下功利的考虑，为我们子孙未来生活的家园担忧，而且不光坐而论道，还起而行之。他们努力在当下，功劳在千秋，叫人敬佩。这让我想起北宋大儒张载那句表述儒者襟怀的名言："为天地立心，为生民立命，为往圣继绝学，为万世开太平。"这后一句，不拘于当下，而是怀万世之思，当是至高的道德境界。第二，环保事业原本就不易，NGO组织开展活动也不易。这两层不易叠加起来，就分外地考验从事这一事业的人的信念和意志力，而在这一领域努力着的人们，也就分外地令人起敬。《中国环境保护倡导指南》一书的编撰者正是这样的一批人，所以我珍视他们这份情怀。

至于《中国环境保护倡导指南》这本书，它的突出特点是富于建设性和操作性。它的建设性在于，该书从头到尾强调，中国的环境保护倡导，要在法制、政策的框架中进行；说它富有操作性，是说在讲述过程中，不单单只有理论，还有丰富生动的案例，并附上了点评，方便好用，真不愧是一本"指南"宝典。

还有一点最为可贵，这就是，该书作者非同一般。他们不但是文稿的撰写者，更重要的还是环境保护倡导的实践者。这使这本书成为名副其实的行动指南，是有根基的指南，也是闪耀着实践智慧的指南。

可以说，马天南女士和其他几位作者做了一件极其有意义的事情。也许这本书还不尽完善，但它筚路蓝缕之功是显而易见的。我相信，这些同志的工作会得到读者的肯定。就我自己而言，拜读之后，便有很多收获。

是为序。

序二：写给陌生人看

冯永锋

任何一部文字，只要是想要开放的，那么其开放的目标，一定是陌生人。所谓的陌生人，就是对你这个行业完全不懂的人。你的文字摆在他面前，他有没有兴趣阅读下去？你的文字有没有支持他阅读下去的勇气？

很多人经常忘记这个问题。一个人写东西，大体分三种状态，一是给自己看的，二是给同行看的，三是给读者看的。给自己看的，属于封闭型文字，写好了，就不要传给任何人，只供给自己取用。写给同行看的，属于半封闭型的文字，里面可以出现大量的专业术语，大量的背景知识可以随意忽略。而写给"公众读者"——也就是陌生人——看的，就要求每一篇文字，信息要完整，要清晰，要有趣。换句话说，不仅仅要有营养，还要"色香味俱全"。

想像一下，一个对环境保护完全陌生的人，一个对民间组织、民间环保组织完全陌生的人，看到这本书，他会涌起阅读的渴望吗？他会为之废寝忘食、忘乎所以、心无旁骛吗？

我想这是有可能的。这本书比较平实，比较适合入眼入口入心。因为是案例、评点、观点夹杂前行的方式，阅读节奏也不会平行呆板，文字对人的压迫性不算太高。

书店有很多书嗷嗷待读，书架书箱里也可能积攒了不少。可很多人其实从来没读过书。中国是个讲功利教育的国度，大家读了一辈子，读的全是教材。教材也没有什么不好，适当读一点是必要的。但如果一个人一辈子读的都是教材，那么就很可悲了。我怀疑这样的人，毕生连发现自体心性的机会都没有，毕生连发现他人他物精神价值的机会都没有。我怀疑这样的人，毕生为物质所折磨、所吓倒，而无法适度超越到公益、高雅、精致的营地。但如何让人读到一本"非教材"呢？我想，这是所有致力于编制这本书的人，要有"只在此山中，云深不知处"的才华了。作者既要把那些坚硬的信息传递出来，又要让文字柔软可口；作者既要就事论事把事情讲透，又要让这本书适度溢出框架之外，让人们读到妙处，涌生“无目的的喜悦”。

“书是给陌生人看的”，还有一层含义，就是当你手头有了这本书，读完了，觉得很好，那么你可以接下来做两件可能的事，一是大量购买这本书，送给你的朋友，尤其是陌生的、你认为值得感染的朋友。或者大量借阅你手头已有的书，增加其“传阅率”——传阅率是办报的人喜欢用的一个术语，指一张报纸或一篇报道，被人传看的次数——让有缘的人，得到更多的襄助。

我个人一直要当一名传播者，平生最大的愿望就是让美好之物得到更多人的欣赏，我盼望这本书能够有效地“向陌生人”传播，这才是编著、出版本书的价值所在。

2011年6月16日

序三：家园——公民社会的逻辑起点

杨利川

2009年4月，由于在厦门开会的机缘，我与夫人一起认识了马天南，并拜访了她的团队。那天，她正在给志愿者们授课，我们也认真听了半个下午，那天的课从什么是NGO开始。

依我的认识，厦门绿十字是一个既有理论素养又有行动能力的NGO组织。

近十年，是NGO特别是环保NGO发展较快的时期，这不仅表现在数量上，而且也表现在它的多样性——公益基金会或协会（特别是本土机构）、公众捐助人、培训机构、法律援助机构、研究机构、政府部门、社会企业、草根组织、专业行动组织等等争相诞生，社会各界的环保热心人士如企业家、城乡居民、学者、官员、在校学生等以不同的能力和贡献纷纷加入了这个行列。这就是说，一个初步的环保生态系统开始形成。当然，最重要的，是生活在这个需要被保护的“环境”中的人们。江河边上的村民，城市里的市民，草原上的牧民，车间里的工人，作为环境和生态保护的主体，他们的理念和能力也在提高。

这本书，通过论述和案例，生动地展现了这样一个生态状况。

环保NGO出现是应运而生的，但我们也不要过度乐观。由于政策环境、社会条件、自身能力的不完备，NGO还处于“野蛮生长”阶段。所以，这本书对于成长中的NGO组织应该是一个及时的帮助。这本书的价值，就在于总结了当前环保NGO面临的任务和所处环境，应倡导的理念和行动的模式，供NGO们交流、学习和创新。这个“生态系统”中的各个“物种”，既需要自由竞争，也需要真诚合作，才能逐步形成健康的生物链。

NGO的组织发展往往成为普遍遭遇的难题。筹资能力、项目设计、议事规则、从领袖治理到民主治理的转化、个人理想与组织建设的冲突、规模的扩大、人员的稳定，成为许多机构的发展瓶颈。“小老树”、“跳槽风”似乎是这个行业的一大景观。

这一切都不足为虑，时间将会写下中国环保NGO的光荣成长史。我仅从一己之见与各位同仁讨论，无论你处于“环保生态系统”的哪个环节，承担什么功能，都不应忘记面向公众，面向社区，面向基层的基本宗旨。实践证明，凡是坚持这样做的机构，就会成长，就有作为，就会形成自己的专业，就会有明确的发展战略，就会有较好的筹资能力，就会有比较稳定的团队。

在我看来，对于全部环境保护事业来说，基础在于社区，核心在于权利。没有家园，没有草根，就没有公民社会。

正如本书中枚举，从厦门PX项目引起的市民散步，到绿色汉江发动公众参与解决唐白河污染问题；从内蒙古牧民轮牧合作社的草原保护，到淮河卫士与企业共创的“莲花模式”；还有最近发生的南京市民发起并得到政府积极回应的梧桐树保护；以及特别需要关注的，SEE基金会在阿拉善地区倡导的农牧民自我管理的社区生态保护模式——所有这些，都体现了社区居民为主体的环境保护模式。

其实，这不是理论和概念，而是社会现实。在主人失去脚下的土地时，在公民失去生存的权利时，生态保护就成了一种问题。家园呼唤主人，主人保护家园，是中国环境保护的本质。

家园，永远是公民社会的逻辑起点。

这是我为本书写的几句感言。

序四：环保不只是一本可念的经

吴方笑薇

以理服人、以身作则、以寡敌众、以柔克刚、以根为本、以民为公，各施各法、各适其式，环保公益事业并非死路一条，也并非一条没有终点的旅程。

厦门绿十字主编的《中国环境保护倡导指南》，收录大陆和外国一些出色的环保公益工作案例，详细分析其排难解纷的努力，聚焦所选用的战略，以及记载其倡导的成效，可以说是一本“绿林秘笈”！它展现绿林的多元风采，以及一群无私、无畏、无悔、无名英雄的奋斗历程，令人鼓舞，也令人感动，更说明环保公益有出路，有前途。

亦悲亦喜，这本环保血泪史，也同时启发读者反思和感悟现今社会的质变：不平衡的发展，不合理的规划，不公义的裁决，不择手段的剥削，不合法的开采，不雇后果的污染，不道德的交易。

世息变、社会变、人心变、气侯变、生态变，今天的环保不仅是单一议题，环保不只关乎一代人的利益，环保也不只是一本可念的经。敲警钟、搭桥梁、找共鸣、展示范、齐播种，环保公益工作者凭什么武功，能在矛盾以及不和谐的逆流中，乘风破浪，勇往直前呢?

从厦门绿十字主编的《中国的环境保护倡导指南》里，我找到了答案，就是“理念”、“信念”和“观念”。其所引述的倡导案例都有共通的核心使命：向民众说“真”话，向政府说“实”活，为弱势社群说“公道”话，为下一代说“良心”话，以“四两”金石良言，去构建公平和谐的社会理念和观念。

“四两”怎能拨“千斤”？百斤“无知”、百斤“冷漠”、百斤“自私”、百斤“贪婪”、百斤“盲目”、百斤“短视”、百斤“急功”、百斤“逃避”、百斤“便宜”、百斤“剥削”。环保可念的经，玄机在那个“念”

字，它由“今”与“心”合成，代表今天的人心，谁来倡导人心转恶为善，转私为公？谁来催化社会思维改变？谁来推动观念、理念、信念的转换？

作为20多年的环保公益志愿工作者，这本书让我找到共鸣，也给我希望，很欣慰见到厦门绿十字在马天南的领航下，努力不懈地去栽培下一波绿色掌门人，通过定期培训、经验交流，以及出书等活动，为环保公益接班人提供学习机会和实践工具，把大陆环保公益事业发展推向专业化、理性化、精益化。

利用Smart Power（智取），Soft Power （软实力），We Power （群策群力），通过协商、协调、协助、协力、发挥绿色杠杆效应，催化社会的反思和转变，用精明手法分享理念和信念，感化人心，源于一念之差。

再一次感谢厦门绿十字和马天南及其编写团队，精心制作了这本环保可念的经和指南，送给绿林有心人“四两”信心，“千斤”信念，共同为生态文明、生态公平而持续推动“四两拨千斤”的环保公益事业。

天地同心，山河同脉，中华同根，风雨同路。

一位绿色探路者

一位环保播种人

一位长青志愿者

2011年6月20日

前言

马天南

2009年初，丹麦人权研究中心的项目主任Bjarne来到厦门，找到我，向我了解我们开展的一些工作，以及我们未来希望做哪些工作。经过两天的讨论，我提出了自己的一些想法，并进一步深入地与他探讨如何实现这些想法，接着，我们共同设计启动了这样一个项目，开发并推广使用一本在中国的法律框架下，中国的民间环保组织如何参与环境保护的行动指南。

两年来，我们开展了一系列项目活动，深入第一线访谈调查了解情况，搜集典型案例，梳理出了中国民间组织的现状，通过这些工作，我们更加坚信，中国的可持续发展离不开中国环保民间组织的参与！但是现实中，中国的草根环保民间组织依然面临很多严峻的挑战，组织发展因人才与资金瓶颈的制约，特别是倡导项目开展过程中，没有法律政策框架下的通用模型来指导工作，与政府、媒体、公众之间的沟通还存在某些障碍，因此，中国的环保民间组织在发展中的每一步，都显得特别的艰难。

即便在大环境不尽如人意的情况下，中国的环保民间组织还是充满热情地在各地积极开展各种活动，从宣传教育、意识倡导、推动公众参与等层面，不断加强与公众的联系；也在调查研究、数据搜集等领域监督企业污染排放和企业社会责任的落实，不断加强与企业的对话与合作；深入调研了解民情，提交政策建议，成为政府与公众之间的桥梁，推动着社会和谐稳定与可持续发展。这些发生在身边的民间环保故事，也深深感动着我。

在组建编委会团队的时候，我找到了来自环保民间组织一线的伙伴，他们在践行民间环保行动的路上，有着丰富的实践经验，也对于中国环保民间组织发展的困境感同身受，共同的理想让我们合力做一件事，这件事就是期望能编写出一本“好用并好读”的书，让那些想参与环境保护的个人、民间组织，碰到问题寻找出路时，通过参考这本书，能找到对应的工具或解决方案，更好地参与到保护中国环境可持续发展的行动中来。两年来，编委会的伙伴们，从搭建构架到组织内容，从多次的编写讨论会到不断争论、修改、再争论、再修改，直到今天，所有的工作伙伴们都认识到，编写本书的过程本身，已让我们获得了快速的成长。

在本书编写的过程中，非常感谢丹麦人权研究中心的专家Francesco，项目主任Bjarne，中国项目协调人Tiziana的支持与指导。感谢合作伙伴中国政法大学的王灿发教授、侯佳儒博士的大力支持。感谢厦门大学的周志家教授、北京师范大学的张秀兰教授，感谢我的同事李立峰、张颖、魏蔚等。感谢所有参与项目活动的志愿者，感谢所有参与项目活动、交流访谈、圆桌会议和研讨会的国内环保民间组织同行。感谢接受我们访谈的政府相关部门代表、企业代表、公众个人代表，感谢那些配合我们问卷调查的环境恶化受害村民们。感谢所有为本书提供案例的环保伙伴们。没有大家的支持，我无法完成本书的编写工作。

由于个人的精力和能力有限，本书在编写过程中一定还存在诸多的疏漏，需要留待以后进一步修订，也请阅读本书的读者，能提出宝贵的意见和建议。

2011年6月19日

厦门市绿十字环保志愿者中心

网址：www.xmgca.ngo.cn

邮件：xmgca@xmgca.ngo.cn

微博：weibo.com/xmgca

目　录

阅读指南

当今环境保护领域，倡导发展得越来越迅速，也越来越受到公民社会和政府的重视。倡导能够归集公众意见，为社会提供改善的可能；其次倡导也体现了一种民主的进步，它为某些希望自己的诉求得到上级重视的人们提供了一个机会和途径；最后倡导同样也促进着公民社会的形成和发展，让人们成为一个好公民，一个关注社会、关注集体利益的公民。当然倡导也有国界之分，即要因地制宜，要结合我国国情和法律，针对不同的诉求点，选择不同的倡导方式。这也是编写本书的初衷所在。

本手册共分六章，分别就环境保护倡导工作的基础、准备、方法、策略、合作互动、法律保障进行了专题讨论。全书的内容以叙述定义、介绍工具、分析案例以及讨论问题为主，辅以行动小贴士，以期为读者呈现实用、易读的阅读体验。全书按照环保民间组织进行倡导规划的思路进行编写，如下图：

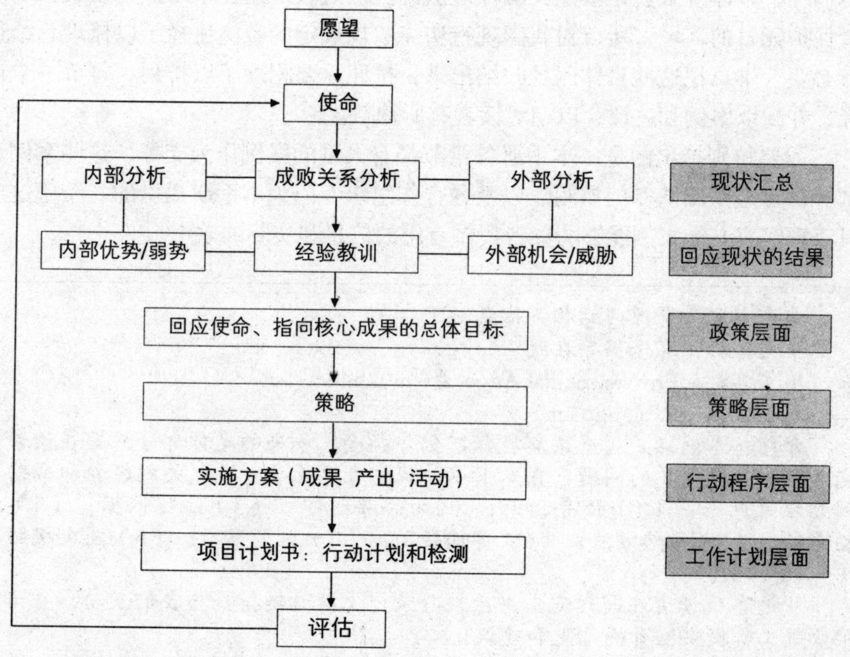

本手册第一章的重点是环境保护倡导的一些基础知识内容，探讨了环保组织在倡导中的角色位置。

第二章是环境保护倡导工作的准备，将环境保护倡导的准备工作分成六个部分进行阐述，包括内部分析、外部分析、倡导目标的设定、利益相关方的分析和动员、倡导行动的障碍和风险分析、倡导行动的法律依据分析。

第三章作为手册的“工具箱”，向读者展现了环境保护倡导行动中可以使用的多种行动方法，从调查研讨、建言献策到宣传教育、直接行动，配合案例讲述了20种基本行动方法。

方法的运用不能生搬硬套，如果没有策略，可能会处处碰壁。所以第四章主要关注倡导行动的策略，在给出制定策略的方法以及一些行动策略推荐的同时，也与读者就“什么才是好策略”进行探讨。

第五章的重点是合作与互动，通过有针对性的案例和分析，讨论民间环保组织如何通过合作与互动达致环境保护倡导的目标，并在合作中看到各自的差异和特点，共同前行。

第六章的法律保障部分，是本手册的一个特色。通过法律的方式进行环境倡导，具体说来就是依照我国环境法规提供的救济途径来维护受损人权利或者保护无言的环境，所以对我国现行法律法规规定的救济途径予以梳理总结很有必要。本章把这些具体路径归纳出来，按照重要程度予以排列，每节一个途径，并配以案例和述评，以期对读者有所裨益。

需要特别指出的是，本手册各章节都有大量的案例作为支撑，这些案例大部分都是编写团队专门撰写、以及各合作组织专门为本手册提供的。希望这些具有现实意义的案例能够为读者提供有用的信息和实际的效用。

与本书配套资源网站相关信息如下：

中文名称：环保倡导在线

英文名称：Environmental Advocacy in China

网址：www.eac.ngo.cn

介绍：本网站是《中国环境保护倡导指南》一书的延伸部分，旨在读者读完本书后，有更多的问题，在本书以外找到专家互动，或相关的经验和帮助。网站栏目包括：（1）倡导指南；（2）倡导组织；（3）法律依据；（4）活动看板；（5）策略方法；（6）咨询帮助；（7）典型案例；（8）图文视频；（9）资源链接。

欢迎各位读者在阅读完本书后，登录以上网站链接，与我们互动，并为我们改进工作提供宝贵的意见和建议！

第一章 概 述

第一节　走进中国环境保护倡导

在开始进入本书前，有必要对“中国环境保护倡导”这个概念作出解释。

首先要说明的是，本书对“中国环境保护倡导”进行的探讨，是基于中国环境保护相关的法律、法规，在符合中国国情的现状下，对民间环保组织在处理中国环境保护问题中做出的倡导行动。

“倡导”这个词，词典一般解释为“提议，发起”。其实，单就“倡”字，就包含了“提议、发起、带头、宣扬”等意，再加上“导”字，意在有一个方向。倡导，是有导向性质的提议、发起。任何个人或组织，都可能以自己的某个思想、某个理念发起一个议题，并引导受众前进，从而实现倡导。

就倡导的主体而言，大致有个人倡导、公众倡导、政府倡导、民间组织倡导几类。公众倡导、政府倡导和民间组织倡导，都是区别于由个人发起的非个人倡导，之所以并列出来，是因为公众、政府和民间组织三者在角色定位、作用功能、观点价值等方面有较大不同（这些不同，我们将在后面的章节中为大家逐步分析）。相对而言，在发起上，个人倡导和公众倡导较为随机，预期结果成功的偶然性大，较难估测。政府倡导和民间组织倡导则不同，其倡导内容最初可能源于个人或公众倡导的某一个提议，一旦他们介入后，便具备了一定的规划性，有明确的目标、策略，善应用一定科学的方法进行有序组织，分工明确。

就倡导的形式来说，倡导可借助很多形式实现。比如：网络倡导，随着网络时代的到来，通过网络进行问卷调查、BBS投票、E-mail群发消息等已被运用得越来越广泛；发文倡导，这种倡导一般适用于政府和其他有下属部门的机构，2011年清明将近时，北京市开设平台，发文倡导市民通过网络追思古人就属此列；短信倡导，群发短信有较及时而广泛的读者，在厦门PX项目和山西煤窑童工事件等中，短信方式就起了很大的推动作用；宣传品倡导，通过赠送小礼物、印发宣传品、制作影视动画等方式，也能将倡导的主题在一定范围内散播出去；活动倡导，通过举办活动、游行、演讲、骑行、晚会等，亦能传播倡导的主题。

倡导的形式还有很多，随着时代进步，今后肯定还有更多形式被开发。在使用中，我们要知道这些形式并不是对立的，完全可以并用，以期达到更好的效果。近年来，厦门绿十字在“无车日”的倡导活动中，就曾采用印发宣传品、赠送小礼物、网络推广、骑行宣传、组办音乐会等多种形式，将倡导效果最大化。形式固然重要，但无论采用什么形式，都必须依法而行，否则根本无法开展。

由于政府可以借助行政手段，因而政府倡导比民间组织倡导更具资源优势。而民间组织在倡导行动中，另谋方式，往往以更灵活的倡导方式达成对话，形成有效倡导。

我们要谈及的倡导，主要是指民间组织有组织性地采取丰富的形式，在合法程序下进行的倡导。我们认为，进行中国环境保护倡导，至少要包括这么几个方面：第一，是法律框架下的倡导，需要参考国际和国内的相关法律依据，听取专家意见，符合公众利益；第二，是对中国环境保护做出的倡导，必须时刻围绕中国环境保护这个主题，有明确的目标和范围，并为之而努力；第三，是调动各方面资源，进行多方面整合，收集资料为政府建言献策、教育引导公众、促进可持续发展的倡导；第四，是组织性的倡导，必须是动员公众参加的，有一定规模、完整规划和明确目的的行动。

名词解释

中国环境保护倡导：在中国环境保护活动中，中国民间环保组织通过掌握充分事实，依据法律框架，利用司法资源，运用一定的策略，引导、发动公众，使其有序地加入，为政府进行治理建言献策、监督呼吁，从而促进环境可持续发展的行动。

案例1-1：合法的“集体散步”——厦门PX事件中的重要插曲

随着对二甲苯（PX）在国内外市场的走俏，兴建PX项目在国内呼之欲出。厦门海沧以其优良的港口条件，吸引了很多投资者的关注。2001年初，翔鹭化纤向厦门市政府提出在海沧建设PX项目，到2006年11月所有手续办理完成后，便马上开工建设。可就在几个月后的“两会”上，赵玉芬教授发起了105名全国政协委员联合签名的“关于厦门海沧PX项目迁址建设的提案”，呼吁叫停厦门PX项目。

一石激起千层浪，民群激愤，各大媒体相继报道，一条条包含宣传PX项目有巨毒和六一“集体散步”的短信也在厦门民众中迅速传开。这些呼声得到了政府的重视，2007年5月30日，厦门市政府召开新闻发布会，宣布缓建PX项目。

图1-1　市民表达心声

但缓建这个结果却没能缓和老百姓的情绪。2007年6月1日上午，数千厦门民众走上街头，自发到市政府门口聚集，以“集体散步”的方式和平地表达抗议，希望停建PX项目。翌日，仍还有市民继续上街“集体散步”。这个事件，被各大媒体以“集体散步”的名义广为报道，更加受到全国性的关注，由此开始了重要转折。

图1-2　“抵制PX　保卫鹭岛”

几天后，国家环保总局副局长潘岳表示，将对厦门全区域进行规划环评。于是，国家环保总局组织的各方专家，就海沧PX化工项目对厦门市进行全区域总体规划环评。厦门市政府则又一次召开新闻发布

图1-3 厦门市民涌上街头

会，宣布海沧PX项目的建设与否，将根据全区域总体规划环评的结论进行决策。

2007年12月5日，环评公布，进入公众参与阶段。厦门市委主办的厦门网开通了投票平台，就“PX 项目建设与否”让网民投票。没过几天，该网站投票功能却突然关闭。不过，至被关闭时，和支持建设PX的3000票相比，反对票竟高达5.5万票。

2007年12月13日，翔鹭腾龙集团办公室通过媒体发布了《翔鹭腾龙集团致厦门市民公开信》。也就在当天，厦门市政府开启了公众参与的最重要环节——市民座谈会。驻厦中央级媒体包括新华社、《人民日报》等，以及厦门本地媒体，获准入内旁听。整场座谈会持续四个小时。最终，49名与会市民代表中，超过40位表示坚决反对PX项目建设。次日，市民座谈会继续举行。第二场座谈会有市民代表、人大代表和政协委员等97人参加，62人发言。在座谈中，约有10名发言者表示支持PX项目建设，而其他发言者都表示反对。曾对海沧区做过独立环境测评的厦门大学袁东星教授，就是反对者中的一员，他用数据及专业知识对PX项目停建进行了阐述。

这两次座谈会，可以说是厦门市有史以来第一次大张旗鼓的公众座谈会，是政府与民众难得的互动，影响了政府对PX项目的决策。2007年12月16日，福建省政府针对厦门PX项目问题召开专项会议。会议决定：迁建PX项目。

案例分析

如果没有这一次被称之为“集体散步”的游行，PX项目可能就不会迁建。这次“散步”，有几个问题值得我们思考。

1. 为什么会发生“集体散步”事件

倘若没有两会的提案，估计很少人会关注有这么一个PX项目建在厦门。为什么如此大的一个工程，连厦门人自己都不清楚，甚至后来大众对PX项目的“妖魔”性深信不疑呢？很重要的原因是政府在项目开展中，未能实现信息公开化，未曾让公众参与进来，忽视了公众的知情权。这是环境信息公开的缺失，我国曾公布《环境影响评价公众参与暂行办法》、《环境信息公开办法（试行）》等法律，要求环境信息公开，对公众的知情权有明确的规定。2006年，国家环保总局还正式发布了《环境影响评价公众参与暂行办法》，指出了建设单位要向公众公告的信息，认为公众参与是解决中国环境问题的重要途径。

反观这次事件，无论是政府还是企业，经过国家审核的项目如果能更广泛的征求公众意见，如果进行了区域环评的信息公开，如果事先能让公众参与了解项目，而不是事后才进行派送《PX知多少？》小册子等，事情肯定不会发展到“集体散步”的地步。

2. 本次“集体散步”事件为什么是合法的

进行游行，是要经过一定的审批手续的，否则就是违法。

显然，公众未经许可就上街游行，一定是违法的。但为什么“集体散步”却能成功，而不被打上非法的罪名？

第一，这是一次和平的“集体散步”。正如周志家所说的，这是一次无组织有纪律的“集体散步”。民众未使用暴力手段，是善意地表达愿望，未造成任何后果，其无组织状态中存在一定的自律性。它体现了民众在维护自身权利的参与过程中对法治精神、社会秩序和不同意见的尊重。[1]

第二，这是一次自发性的“集体散步”，组织者缺席，法不责众。厦门

---

[1] 周志家.环境保护、群体压力还是利益波及厦门居民PX环境运动参与行为的动机分析［J］. 社会，2011（1）.

PX 环境运动不是靠少数个人或者组织发起和维系，而是在普通居民的日常攀谈、交流中发生。周志家认为，这属于群体动员，具有“群龙无首”的特点。由于法不责众，使得政府想在运动过后追究动员者和组织者的责任，也面临无从追究的困境，极大降低和化解了群体动员的政治风险。况且，群体动员中受众的参与性虽高，但运动的政治性较弱，降低了政府对运动的抵触心理，为参与者和政府之间构建理性的互动关系预留了空间，提高了社会运动成功的概率。❶

第三，在媒体报道中，使用的并不是“游行”这两个字眼，而是“集体散步”，很巧妙地规避了法律风险，在宣传活动的内容时，也帮政府提供了一个合适的说法，扩大了宣传。

3. 本次“集体散步”中民间环保组织的角色

“集体散步”事件促使了政府对PX项目加倍重视，做环评，开设网络平台，举行市民座谈会，丰富了整个事件的公众参与环节，切实地给予了公民知情权、参与权和表达权。值得注意的是，这次“集体散步”有一定的偶然性与必然性，是不可复制的。

有人认为，事件中厦门的民间环保组织没起到作用。当时的厦门，还是工商注册的厦门市绿拾字环保服务社，正全程亲历其中，反馈公众诉求，举办公众参与座谈会和专家咨询讲座，承担了一定信息交流平台的角色。但该组织是难以推动这个事情发展的，即使能，也不宜进行组织“集体散步”等倡导。民间环保组织时刻要记住必须在法律的框架下进行倡导，否则，法律没情面可讲，随时都可能有大风险。民间环保组织应该时刻保持清醒，切忌盲目，要对风险进行细致分析，运用合理的方法规避。符合法律的倡导，才是可行的，才是适合中国当下国情，能为可持续发展服务的。

---

❶ 周志家.环境保护、群体压力还是利益波及厦门居民PX环境运动参与行为的动机分析［J］. 社会，2011（1）.

小贴士

1.环境信息公开权

环境信息公开，是指依据和尊重公众知情权，政府和企业以及其他社会行为主体向公众通报和公开各自的环境行为以利于公众参与和监督。因此环境信息公开制度既要公开环境质量信息，也要公开政府和企业的环境行为，为公众了解和监督环保工作提供必要条件，这对于加强政府、企业、公众的沟通和协商，形成政府、企业和公众的良性互动关系有重要的促进作用，有利于社会各方共同参与环境保护。《中华人民共和国政府信息公开条例》和《环境信息公开办法（试行）》是我国规范环境信息公开问题的重要法律文件。

在环境相关法律中，公众参与权是指在生态环境保护和自然资源的开发利用中，公民享有通过一定的程序或途径参与环境立法，参与一切与环境利益相关的决策和听证，参与环境管理并对环境管理部门以及单位、个人与生态环境有关的行为进行监督的权利。由此可知，公众参与权的内容非常广泛，从纵向看，包括预案参与（公众在经济环境政策、规划和计划制定中和开发建设项目实施之前的参与）、过程参与（指公众对环境法律、法规、政策、规划、计划及开发建设项目实施过程中的参与）、末端参与（指公众对环境污染和生态破坏发生之后的参与）、行为参与（指公众自觉保护环境的参与）；从横向看，包括公众参与的实体机制，即知情机制、表达机制与监督机制的总体以及公众参与的诉讼机制和环境结社权。

《中华人民共和国宪法》第1条第3款规定："人民依照法律规定，通过各种途径和形式，管理国家事务，管理经济和文化事业，管理社会事务。"《中华人民共和国立法法》第58条规定："行政法规在起草过程中，应当广泛听取有关机关、组织和公民的意见。听取意见可以采取座谈会、论证会、听证会等多种形式。"《中华人民共和国环境保护法》第6条规定："一切单位和个人都有保护环境的义务，并有权对污染和破坏环境的单位和个人进行检举和控告。"《中华人民共和国海洋环境保护法》第4条规定："一切单位和个人都有保护海洋环境的义务，并有权对污染损害海洋环境的单位和个人，以及海洋环境监督管理人员的违法失职行为进行监督和检举。"《中华人民共和国防沙治沙法》第6条规定："使用已经沙化的土地的单位和个人有治理该沙化土地的义务。"第8条规定："在防沙治沙工作中作出显著成绩的单位和个人，由人民政府给予表彰奖励，对保护和改善生态质量作出突出贡献的应当给予重奖。”《国务院关于环境保护若干问题的决定》（1996年8月3日）规定：“建立公众参与制度，发挥社会团体的作用，鼓励公众参与环境的保护工作，检举和揭发各种违反环境保护法律法规的行为。”此外，《海洋环境保护法》第3条、《水污染防治法》第5条、《大气污染防治法》第5条、《固体废弃物污染环境防治法》第9条、《环境噪声污染防治法》第7条、《环境影响评价法》第5条等，这几部法律也规定了公众对造成环境污染和破坏的单位和个人有进行举报的权利和义务。这些规定都是公众参与权最直接的体现和法律基础，也可以说，这些规定确立了公众参与环境保护的基本精神。

2. 申请集会、游行、示威活动的法律程序

《集会游行示威法》规定“公民举行集会、游行、示威必须向举行地主管市、县公安局、城市公安分局提出书面申请，游行、示威路线经过两个以上区、县的要向所经过区、县的公安机关的共同上一级机关申请。”

集会、游行、示威的负责人必须在举行日期的五日前亲自向公安机关递交书面申请，申请书应当写名集会、游行、示威的目的、方式、标语、口号、人数、车辆数、使用音响设备的种类和数量、起止时间、地点（包括集会地点和解散地）、路线和负责人的姓名、姓 名、职业、住址等。负责人在递交书面申请时，应当出示本人的居民身份证或能证明身份的其他证件，填写《集会游行示威申请登记表》。不是由负责人亲自递交书面申请的，主管公安机关不予受理。

公安机关对集会、游行、示威申请通过全面依法审查后，应当在申请举行日期两日前作出决定，并将许可或不许可的决定书面通知集会、游行、示威的负责人。不许可的，应当说明理由，逾期不通知可视为许可。确因突然发生的事件临时要求集会、游行、示威的，必须立即报告当地主管机关，主管机关接到报告后，应当立即审查决定，许可或者不许可。集会、游行、示威的负责人对公安机关不许可的决定不服的，可以自接到决定通知之日起三日内，向同级人民政府申请复议，人民政府应当自接到申请复议书之日起三日内作出决定。

举行集会游行示威未依照法律规定或者申请未获许可或未按照主管机关许

可的目的、方式、标语、口号、起止时间、地点、路线进行以及在进行中出现危害公共安全或者严重破坏社会秩序情况的，人民警察应当予以制止。不听制止的，人民警察现场负责人有权命令解散；拒不解散的，人民警察现场负责人有权依照国家有关规定决定采取必要手段强行驱散，并对拒不服从的人员进行强行带离现场或者立即予以拘留。

第二节　认识民间环保组织

本书所说的民间环保组织，是民间组织的一种。这里的“民间组织”是英文“non-governmental organization”一词的对译，一般理解为在特定法律系统下，非政府性的、不以营利为导向的、进行志愿性公益或者互益性服务的民间自发形成的组织。因它具备多种属性，很多时候人们会将它与非营利组织、非政府组织、社团等混用。当下，大家比较认同Lester M. Salamon 民间组织具备七个属性的观点：（1）组织性（formal organization)；（2）民间性（non-governmental）；（3）非营利性（nonprofit – distributing）；（4）自治性（self-governing)；（5）志愿性（voluntary）；（6）非政治性（nonpolitical）；（7）非宗教性（nonreligious）。

在中国，其界定与国际上通用的定义略有不同。当强调中国“非政府”组织的特征时，可将其定义为“不具有直接或者间接的行政权的社会团体”用以区分那些虽然注册为社会团体，但却行使特定行政权的机构组织。目前，中国的民间组织集中在环保、妇女、扶贫等领域。

而中国民间环保组织，就主要活跃在环保领域。它除了具备以上提到的民间组织相关要素，还具备一个明确目的，就是它所进行的倡导、开展的活动，是以环境保护为对象的。我们可将中国的民间环保组织初步定义为是在中国法律规定下合法注册成立，从事环境保护相关活动、提供公益性或互益性社会服务、非营利性的民间组织。

目前，在中国境内活跃着各种各样的民间环保组织，大致可分为以下几类：

（1）政府主办的或者由政府派人担任主要职务的非政府组织。它们有政府背景，具有“半官方”的性质，如中华环保联合会、中国环境科学学会、中国环保产业协会等。

（2）草根民间环保组织。它们是由民间人士自下而上发起，直接从事公益服务或者组织社区行动的民间组织。在中国，它们存在三种形态，一是民政正式注册的非营利组织，如北京的“自然之友”、“地球村”等；二是工商注册的非企业，如厦门绿十字在未通过民政注册以前，就曾工商注册过；三是尚未注册，但有开展常态活动的组织。目前国内尚未通过正式民政局注册的民间环保组织依然占很大的比例，虽然可能身份并不合法，但他们依然为环保事业奉献着。

（3）科研部门和一些社会团体等下设的环保机构或项目组，如中国政法大学的污染受害者法律帮助中心（CLAPV）。

（4）各级学校内环保性的学生社团，如大学生绿色论坛、绿色学生组织网（GreenSOS）等。

（5）国外或港澳台地区的民间环保组织在中国的分设机构，如绿色和平（Green Peace）就在北京设立了办事机构，“美国环保协会”等组织也有在华设立项目办公室。

近年来，中国民间环保组织已成为中国最为活跃、最有影响力的社会组织群体，正发挥着越来越重要的作用。

国内部分民间环保组织简介

世界自然基金会（WWF）

世界自然基金会（World Wide Fund For Nature，简称WWF）是大型的独立性非政府环境保护组织之一，成立于1961年，活跃在全球100多个国家，在全球享有盛誉。

其使命是遏止地球自然环境的恶化，创造人类与自然和谐相处的美好未来。

1980年，WWF开始进入中国。该组织从大熊猫及其栖息地的保护开始介入，是第一个受中国政府邀请来华开展保护工作的国际非政府组织。1996年，WWF正式成立北京办事处，此后陆续在西安、成都、武汉、长沙、拉萨、昆明、长春、上海等设立了项目办公室。工作领域已由大熊猫保护扩大到物种保护、淡水和海洋生态系统保护与可持续利用、森林保护与可持续经营、可持续发展教育、气候变化与能源、野生物贸易、科学发展与国际政策等。

绿色和平

绿色和平（Green Peace）是一个全球性环保组织，自1971年在美国反对阿拉斯加州的核实验基地以来，绿色和平组织便以其激进、顽强、坚定而闻名于世。

其宗旨是促进实现一个更为绿色，和平和可持续发展的未来。

绿色和平于1997年在香港设立分部，开始进入中国，在北京等地设有项目联络处。目前，它在中国开展了气候与能源、污染防治、食品与农业、森林保护等项目。

香港地球之友（FOE，Friends of Earth Hong Kong）

香港地球之友成立于1983年，原为慈善团体，是香港主要的环保团体之一。香港地球之友致力改善本港及内地的生活质素及环境，主要通过各种调查研究、环境教育工作、小区活动、环保运动等进行环保倡导。

其目标是通过推动政府、企业和公众，共建可持续发展的环保政策、营商方式和生活形态，以保护香港及邻近地区的环境。

主要工作包括：定期进行各类环境问题的调查研究工作，向香港特区政府、工商界和市民发表研究结果，出版立场书，游说各界人士为创造更美好环境共同承担责任。

台湾环境资讯协会

台湾环境资讯协会（TEIA）成立于2000年，他们坚信，真正的关怀来自于真实的了解与深刻的认知，有人真正的关怀与详实的资讯，才能引发改善环境的行动与决心。其重心在关怀环境、参与行动，借“环境资讯的交流”与“环境信托的推动”，希望实现“人”与“自然”的和谐关系。他们积极推动台湾环境信托案例的时间，让土地的价值能永远持续。通过举办生态工作假期，号召民众亲身体验栖息地的经营管理，建构人与自然的和谐关系。

他们的行动有：发布每日环境咨询电子报，收集国际国内环境咨询并每日发报，建构环境咨询中心，规划各类环境数据资料库。

中华环保联合会（ACEF，All China Environment Federation）

中华环保联合会成立于2005年4月22日，是经中华人民共和国国务院批准、民政部注册、国家环境保护总局主管，非营利的、全国性的社会组织，拥有中国科学院、中国工程院、清华大学等一批国内一流权威专家和学者队伍。

其宗旨是：围绕实施可持续发展战略，围绕实现国家环境与发展的目标，围绕维护公众和社会环境权益，积极协助和配合政府实现国家环境目标和任务，促进中国环境事业发展。

理念：大中华、大环境、大联合。

中国环境科学学会（CSES，Chinese Society For Environmental Sciences）

中国环境科学学会成立于1978年，是国家一级学会，主要由全国环境科技工作者、环境工程技术人员、环境教育工作者和环境管理工作者（统称环境科技工作者）志愿结合组成。

其宗旨是促进环境科技创新和与社会经济的结合，普及环境科学技术知识、推荐环境科技人才，为经济社会发展服务，为环境保护事业的发展和构建社会主义和谐社会贡献力量。

自然之友（FON，Friend of Natural）

自然之友成立于1994年3月31日，是中国最早发起成立的民间环保组织之一。创始人是梁从诫、杨东平、梁晓燕和王力雄。

其使命是：建设公众参与环境保护的平台，让环境保护的意识深入人心并转化成自觉的行动。其核心价值观为：与大自然为友，尊重自然万物的生命权利；真心实意，身体力行；公民社会的发展与健全是环境保护的重要保证。

正在进行的项目主要有绿地图、夏至关灯、低碳出行、保护草原联合项目等。办有《自然之友通讯》。

厦门绿十字（XMGCA，Xiamen Greencross Association）

1999年厦门的特大台风，让一群年轻人聚在一起，催生了“厦门绿十字”，开始执着地探寻厦门本土的各种环境问题，积极倡导公众参与环境保护。2007年，正式通过民政注册，全称厦门市绿十字环保志愿者中心（Xiamen Green Cross Assoication，即XMGCA，简称厦门绿十字）。十余年来，喊着“有我就有绿”的口号，积极倡导和推动环境领域公众参与机制的形成，影响环境公共政策；通过丰富多彩的志愿者活动，推动公众选择绿色生活方式，促进政府、企业及社会公众环境诉求的和谐发展。

主要项目包括鹭岛关爱日、九龙江保护、绿色出行、耕与芽志愿者训练营等项目。办有电子刊物《绿十字通讯》。

绿色学生组织网（GreenSOS）

绿色学生组织网成立于2001年，最初只是以“服务学生环保社团”为目的的绿色资源网站。随着不断发展壮大，已由一个单纯的环保网站逐渐发展成为一个以大学生志愿者为主体的民间环保组织。GreenSOS以西部高校环保社团为服务对象，以网站为交流平台，以项目为重心，以网络培训为纽带，以大学生志愿者为主体，帮助学生环保社团解决他们所面临的各种问题，以此促进西部环保社团的健康成长。

其宗旨是：服务中国学生环保社团，呼唤中国青年之绿色使命。

精品项目有绿色记者网络培训项目、成都地区观鸟推广项目、青年环保“月谈”项目等。

第三节 民间环保组织在倡导中的作用

民间环保组织不是政府，不靠权力驱动；也不是经济体，不靠经济利益驱动；而是公民社会的主要代表，其原动力是志愿精神，其价值是在倡导公众参与环保、促进环保事业可持续发展中实现。可是，我们民间环保组织在倡导中到底能发挥什么作用呢？换句话说，民间环保组织的角色是什么呢？

第一，公众参与环保的教育者和引导者。公众具有一定盲目性，对很多问题并不了解，需要教育引导。我们必须通过各种形式和活动来唤起公众的环保意识，争取他们的响应和支持，促进环保事业的发展。诸如，利用各种节日或特殊时机举办各种环境保护专题讲座、研讨会、培训班、展览，编写环境保护科普读物、杂志，利用新闻媒体进行宣传等。

第二，环保事业的组织者、协调者和推动者。每一个倡导的发生，不是简单发起后就草草了事的，在发起前需要经过细密的规划，需要协调好很多部门的工作，需要联系媒体，需要不断地跟进，需要鼓动公众的参与等等这些工作，是民间环保组织需要做的，并且要在中国的法律框架下，通过倡导环境保护，维护合法权利。

第三，政府实施环保政策的推动者、监督者和决策的影响者。政府有其职能，但并不是无所不能，政府的良治需要有公众参与。很多民间环保组织聚集了一大批学术领域的权威和精英，拥有很多第一手可行性的资料，具备广阔的信息渠道，可以获得大量的公众反馈信息，从而为政府决策提供依据，建言献策帮助政府更好地决策。同时，民间环保组织用其敏锐的专业的视角，为公众代言，监督污染企业和环境破坏行为，保障政府环保工作的有效落实，如监督APP造纸非法超标排污等事件中，环境保护社会组织就发挥了重要作用。

第四，环境污染受害者的咨询者和援助者。随着环境污染问题的发展和环境公害的产生，污染受害者作为一个特殊的弱势群体受到了关注。环境保护社会组织作为因环境问题而导致利益受损的污染受害者的代言人，可通过抗议、诉讼、直接援助、参与协议保护等为民众提供援助，争取最大利益，将环境损害降到最小。

经过这么多年的亲身实践和理论探索，在确保合法、公众、公益、兼容、发展的基础上，坚持从自身、从小事、从实事做起，中国民间环保组织已经和正在用实际行动影响公众、影响社会、影响政府来推动环境保护，不断探索着一条符合中国的国情的环境保护之路。

案例1–2：圆明园防渗工程听证会始末

2005年世界水日那天，生态学者张正春前往圆明园游览，发现工人正在湖底铺设防渗膜，他觉得这种做法将破坏圆明园的整体生态系统，为此四处奔走。

在他的努力和媒体、民间环保组织等的帮助下，问题终于公诸于世。2005年3月28日，《人民日报》披露：圆明园的湖底防渗工程将造成生态危害。接着，更多媒体和民间环保组织参与进来，圆明园事件自此轰动全国。

当国家环保总局领导潘岳看完媒体报道后，立即批示：圆明园应立即停工。3月31日，有关部门叫停了施工方。

从事情一开始，很多民间环保组织就积极加入进来。较早参与议题的是地球纵观组织的李皓，她通过个人关系网络使议题得到关注，自然之友、绿家园和地球村等草根民间环保组织，也通过各种方式参与其中。

2005年4月1日下午，自然之友等民间环保组织，在北京友谊宾馆的一间会议室，联合举行了“关注圆明园之水——圆明园生态与遗址保护研讨会”。来自各地的民间环保人士、许多各学科专家和环保部门的官员等，就“圆明园事件”进行了激烈而坦诚的对话。这些声音，将事件说得更加透彻，使议题得到媒体的持续关注，让大众有了更多、更深的了解。

会后，自然之友联合多家组织提交了公开信《支持政府针对圆明园铺设防渗膜事件举行听证会的声明》，希望通过此事推动公众参与环境治理，促进环境事件的科学决策。

没过多久，2005年4月13日，一场被媒体称为“中国首个真正意义上的听证会”终于在民众的呼唤和等待中召开了。整个听证会在中央电视台直播下举行。听证会围绕圆明园遗址公园的定位，防渗工程对土壤、地下水及周边陆生生态系统的影响，圆明园作为历史人文景观和遗址公园应该如何修复和保护等内容展开。本次事件主要就两个问题进行讨论，正如梁从诫先生所说的：“第一，圆明园用塑料衬垫防渗这样的做法，对生态保护有利还是不利；第二，圆明园这一个相当大规模的工程，这样重大的一个举措，要不要事先让公众知道，公众有没有知情权，有没有表明意见的权利。”

为了推进环保法的实施，自然之友等很多民间环保组织，在听证会召开之前便形成了联盟，达成了共识。于是，在听证会上，自然之友总干事薛野宣读了由7家环保组织联名提出的五点推动圆明园善后的建议，明确表达了民间环保组织在此事件中的态度。

这是《中华人民共和国环境影响评价法》实施以来，国家环保总局首次举行公众听证会。在听证会开始之前，潘岳副局长曾说：“多听专家公众的意见，不能拍脑袋定项目。”并公开表示，这个听证会从公布、征集与会人员以至听证本身，都是公开公平的，在至关重要的人员选择上，也尽量本着平衡的原则。

虽然听证会的结果也许不尽如人意，但是其意义或许正如钱易、李文华院士等代表认为的，听证会的意义远远超出了防渗工程本身，应该以此为契机，进一步树立和落实科学发展观，强化科学、民主决策观念，避免类似事件的重演。

案例分析

在我国，《中华人民共和国环境保护法》是一部国家基本法律，环境保护是国家的基本国策之一。

但长期以来，我们看到的，却是很多原因迫使环境保护不断退让。环境保护已直接关系到个人生存，不再是几个人的事，而是需要公众的共同行动。公众有权对环境进行监督，制止破坏环境的行为。

这次事件，是民间环保组织运用法律发挥倡导作用的一个典型。经过媒体的充分曝光和公众的广泛参与，在专家学者的热烈讨论以及各方的激烈争辩之中，有关决策部门和相关政府部门都毫无例外地处于完全的监督之下，才迎来了听证会。整个过程中，自然之友等民间环保组织快速而有效地介入，在政府、公众和媒体间搭建了平台，使公众对圆明园事件的各种意见建议得以广泛而深入地交流，政府的执政行为也得以随时接受公众和舆论的监督。

借助媒体进行倡导，是本次事件能迅速而广泛进展的重要一步棋，是民间环保组织媒体策略成功运用的典范。从倡导议题与媒体动员的过程看，研讨会、公开信、联合声明等较常使用的方式很重要，但若能借助媒体发声，则能更好得引导议题走向，使大众能长效关注，有效推动事态发展。

借助媒体来推广，这个议题必须是合法的，维护国家权威与公共利益，将行动目标合法化是倡导的根本点。利用合法化策略，是本次事件能被大幅度报道的关键。在倡导中，民间环保组织通过各种方式来表明对于国家权威以及上级部门的信任后，再表达自己的诉求。在自然之友等写的公开信、发言稿等中，都强调了政府的依法执政功能，进而能为政府和公众所接受。

另外，强调公众利益同时，借助特殊的历史背景注入了强烈的民族情结，更加凝聚公众的力量。圆明园是中华民族的一块心结，无形中赋予了这个事情在公众心里的重要性。

值得注意的是，争取同盟策略在本次事件中得到了充分体现。在倡导中，草根民间环保组织很快就聚集在了一起，联动起来了，体现了很好的合作精神，听证会召开前达成的“五点建议”就是一个例子。不仅如此，这次并不只是草根民间环保组织在单独战斗，诸如中国环境新闻工作者协会等有官方背景民间环保组织，也被联合起来，壮大了倡导的同盟，加强了倡导的力度。

第四节　民间环保组织自身的角色和定位

中国目前的各种环境问题呈现出密集爆发的态势，比如，重金属污染、垃圾围城、森林破坏、自然保护区不断被侵蚀等等，在这种情况下，民间环保组织可以做的事情非常多，但是时间、精力、能力都是有限的，所以，只能从中选择那些能做、而且做了以后可以产生较大影响的事情。这就需要民间环保组织弄清楚自己的角色和定位。应该如何取舍，才能让有限的资源发挥更大的作用，是一个需要好好考虑的问题。在“我想做”和“我能做”之间，经常要进行艰苦的博弈，才能做出最终的决定。

在思考自身的角色和定位的时候，通常有如下几个方面需要考虑：组织的性质，中国目前对民间组织实施双重管理，这就导致了注册难的问题，很多民间组织没有取得符合实际情况的合法身份，有的机构甚至没有以任何形式注册，那么，有些需要法人资格才能开展的倡导活动，比如诉讼，这些机构就无法参与；组织的专业能力，比如，一个致力于改善空气质量的机构在决大多数情况下不会选择介入生态破坏的事件；组织的人力和财力，目前，国内的大部分民间环保组织还处在求生存的阶段，人力和财力都比缺乏，很多时候会限制民间环保组织在一些议题或事件上的参与。

在符合自己的专业能力，而且人力和财力也允许的情况下，民间环保组织需要进一步找准机构的定位，明确从哪个角度介入更能够发挥机构的优势。在决定是否要介入一个议题或者事件的时候，通常存在如下几种情况：主要关注与自己平时的工作领域相关的事件，对于其他的事件采取疏导、分流的处理方式，将其引荐到其他合适的机构；如果有一些事件虽然和机构的日常工作并无太大关联，但对机构的长期目标或者愿景具有重大意义，这时，机构就应该选择介入。可能这件事情无论我付出何种努力都不会达到预期的目标，但是从长远来讲，却能推动整体的政策改变。比如，自然之友在对自己的能力、优势进行分析的基础上，决定把机构关注的焦点集中在推动城市环境问题的解决和培养绿色公民上，因为自然之友长期在城市开展工作，而且意识到中国的环境压力，包括中国西部荒野的环境压力，追根溯源都来自于城市，因此，改变城市人的生产、消费模式，对于中国的环境保护来讲，是至关重要的。再比如，在反对调整长江上游珍稀特有鱼类国家级自然保护区调整的倡导行动中，自然之友作为本土民间组织，其切入点是信息公开，通过向农业部、环保部申请信息公开，提起行政复议来推动保护区调整的程序合法，并引起更多的公众讨论，推动决策的民主、透明；大自然保护协会（TNC）则是通过相关研究来阐明保护区调整将会造成不可逆转的生态损害。

找准角色定位其实就相当于找到一个合适的支点，这样才能让有限的力量发挥最大的作用，同时撬动更大的力量，推动问题的解决。

另外，从机构自身发展的角度来说，明确自身的角色定位也有利于更好地树立机构品牌，形成放大效应。

案例1-3：绿色和平揭露金光集团APP毁林项目

2004年，金光集团在云南毁林事件遭曝光。绿色和平介入此事，开展了近半年的实地调查，并于2004年11月发布了《金光集团APP云南圈地毁林事件调查报告》，揭露金光集团APP在云南涉嫌违反《森林法》，违规采伐天然林，并将天然林转换成人工林等问题，并呼吁中央和云南省政府：立即停止云南省金光集团2750万亩桉树速生丰产林项目，对此项目重新进行评估；坚决制止该项目在思茅市大面积皆伐现有天然林来营造原料林的做法，并按照《森林法》第39条规定，对该项目实施过程中破坏天然林者进行惩罚。2005年1月，国家林业局资源司张松丹副司长接受中央电视台采访，公开表示金光集团在未办理采伐许可证的情况下在云南毁林9580亩。2005年3月，绿色和平揭露金光集团在海南涉嫌毁林事实。2005年5月，历经数次实地调查，绿色和平发布《金光集团APP海南项目调查报告》，指出金光集团APP在中国海南省的林浆纸一体化项目在实施过程中存在毁坏天然林的问题，毁林造林。借我国"退耕还林"的政策，在营造原料林时"毁林还林"。如不做科学合理的调整、不遵守中国的法律，其项目实施过程将会给海南省的生态环境造成危害。2005年5月，金光集团向国家林业局作出承诺，将"切实按照国家有关法律法规和政策，实现合法经营，遵章办事"。

绿色和平决定介入金光集团毁林事件的时候，绿色和平（中国）的森林项目团队尚未组建。其介入此事主要基于以下两点：（1）绿色和平在传统上一直关注几个议题，包括气候变化、森林、农业、有毒污染防治等。绿色和平在森林这个议题上是有积累的，当时，绿色和平中国办公室也正要开展森林项目并组建团队；（2）绿色和平在森林保护方面通常会采取一种方式，即选择一片生物多样性很好的森林去开展保护工作，但由于当时，其在中国的影响力、储备并不是很强大，因此，绿色和平中国办公室需要选择能够发挥自己优势的保护方式，金光集团云南毁林案正是一个合适的机会。

绿色和平和金光集团的斗争产生了很大的影响，由此奠定了绿色和平在森林议题上的地位，让公众认识到，绿色和平是关注森林议题的机构；也引发公众、环保组织开始讨论人工林的问题、中国的森林质量问题，开始讨论林浆纸一体化对森林资源和生物多样性的破坏问题。也让公众，甚至环境保护组织意识到，环境保护可以有另外一种形式，这种形式不同于以往的环境教育、生态保育，而是揭露破坏行为，并和破坏方直接交锋。

案例分析

（1）政策倡导是绿色和平在其他国家的森林保护工作中很重要的部分，但是在中国，他们并没有将政策倡导作为工作重点。这是基于绿色和平认识到，中国的森林保护方面的法律法规已经比较完善了，更大的问题在于执行层面。

（2）在“绿色和平揭露金光集团APP毁林事件中所用到的相关法律（见下表1-1）：[1]

表1-1：金光集团APP云南圈地毁林事件违法违规列表

序号	国家有关法律、法规以及部门规定（节选）	金光集团APP云南操作违法违规事实
1	《中华人民共和国森林法》第29条 国家根据用材林的消耗量低于生长量的原则，严格控制森林年采伐量。国家所有的森林和林木以国有林业企业事业单位、农场、厂矿为单位，集体所有的森林和林木、个人所有的林木以县为单位，制定年采伐限额，由省、自治区、直辖市林业主管部门汇总，经同级人民政府审核后，报国务院批准。	金光集团规划在思茅市生产140万吨纸浆，需原木625万立方米，采伐蓄积1000万立方米。但是，该市全市用材林年净生长量256.17万立方米，如果规划得以实施，年生长量将远远低于消耗量。而且，用材林中针叶林（造纸主要来源）全部可采伐蓄积量只有4360万立方米，若每年采伐1000万立方米，4年多就将思茅市可采资源全部用完。*
2	《中华人民共和国森林法》第32条 采伐林木必须申请采伐许可证，按许可证的规定进行采伐；	根据《新闻周刊》记者调对金澜沧公司负责人彭清志的调查采访，该公司并未办理采伐证。**
3	《中华人民共和国森林法》第37条 从林区运出木材，必须持有林业主管部门发给的运输证件，国家统一调拨的木材除外。	
4	《中华人民共和国森林法》第23条 禁止毁林开垦和毁林采石、采砂、采土以及其他毁林行为。	云南省林业厅给云南省政府的工作报告中指出，思茅地区“宜林荒山面积不能满足项目需要。随着合作的深入，金光集团提出将浆纸材基地面积从600万亩扩大到1200万亩，项目规模不断扩大。从思茅现有林地资源来看，无林地
5	《中华人民共和国森林法》第39条 盗伐森林或者其他林木的，依法赔偿损失；由林业主管部门责令补种盗伐株数十倍的树	

[1] 此表格由绿色和平提供。

（续表1-1）

<table>
<tr><th>序号</th><th>国家有关法律、法规以及部门规定（节选）</th><th>金光集团APP云南操作违法违规事实</th></tr>
<tr><td>5</td><td>木，没收盗伐的林木或者变卖所得，并处盗伐林木价值三倍以上十倍以下的罚款。滥伐森林或者其他林木，由林业主管部门责令补种滥伐株数五倍的树木，并处滥伐林木价值二倍以上五倍以下的罚款。拒不补种树木或者补种不符合国家有关规定的，由林业主管部门代为补种，所需费用由违法者支付。盗伐、滥伐森林或者其他林木，构成犯罪的，依法追究刑事责任。</td><td rowspan="2">仅有280万亩，如果要营造1200万亩纸浆林，只能对现有林进行采伐，重新营造速生丰产林”。
绿色和平组织在云南思茅市澜沧县谦迈乡包谷地村调查时发现，在当地金光集团下属金澜沧公司所种植的桉树速生丰产林基地中，存在大量被砍伐后遗留下来的树桩和没有来得及运走的树干，而其中大部分树的胸径超过了5公分。</td></tr>
<tr><td>6</td><td>《中华人民共和国森林法实施条例》第41条　违反森林法和本条例规定，擅自开垦林地，致使森林、林木受到毁坏的，依照森林法第44条的规定予以处罚；……</td></tr>
<tr><td>7</td><td>《中华人民共和国森林法实施条例》第15条　国家依法保护森林、林木和林地经营者的合法权益。任何单位和个人不得侵占经营者依法所有的林木和使用的林地。用材林、经济林和薪炭林的经营者，依法享有经营权、收益权和其他合法权益。</td><td>金光集团造林土地承包费用40元/亩，使用期50年，林木协议转让价格70元/立方米。其中国有林折价入股，集体林由金光集团现金收购。这种没有经过资产评估的林地、林木流转背离了市场经济价值，造成国有资产流失和林农合法利益受侵害。</td></tr>
<tr><td>8</td><td>《国家林业局关于严格天然林采伐管理的意见》：杜绝大面积的皆伐，原则上禁止将天然林分改造成人工林分。积极推广采育兼顾伐、生态采伐等负面影响小的采伐更新方式，保持天然林面积不减少和天然林系统的稳定性。</td><td>在金光集团2750万亩规划之中，仅有518.3万亩的荒山，仅占其规划面积的20%。剩余部分为有林地、疏林地、灌木林地和未成林地，以及部分非林地。***　其中有林地约为1108.1万亩，高达41%左右。其在云南2750万亩的桉树纯林基地规划，恰恰是在将天然林分改造成人工林分，极大地减少了天然林的面积。</td></tr>
<tr><td>注释</td><td colspan="2">*云南省林业厅，《关于对金光集团在思茅建设林浆纸一体化项目的情况报告》附件二，2004年7月20日）；**新闻周刊（2004年7月12日）“云南森林告危”；***具体数字请参见附件：绿色和平《金光集团APP云南圈地毁林事件调查报告》。</td></tr>
</table>

在海南案例中，除了《森林法》，还涉及一些地方性法规、部门规章，包括：海南省人民政府令第180号《海南省沿海防护林保护管理办法》、《国务院关于进一步做好退耕还林还草试点工作的若干意见》、《国家林业局关于完善人工商品林采访管理的意见》。

第二章 准 备

在开展倡导工作之前，民间组织需要先制定一份详实的倡导工作计划，这是倡导工作达成目标的必要前提。制定计划的时候，需要对民间环保组织自身的资源、能力以及外部条件、背景进行分析，以保证有限的资源能够得到最合理有效的利用，并且对倡导行动的目标进行评估，与此同时，尽可能地规避倡导过程中的风险，减少冲突和差异。一份好的计划书能够让民间环保组织对自己所开展的工作负责，应该明确具体的倡导工作和倡导目标之间的关联，并且具有一定的弹性，以使民间环保组织可以根据实际情况调整倡导工作的路径。如果没有一份好的倡导计划，民间环保组织很有可能在执行的过程中背离自己最开始所设定的倡导目标。

本章将环境保护倡导工作的准备工作分成6个部分进行阐述，包括内部分析、外部分析、倡导目标的设定、利益相关方分析和动员、倡导行动的障碍和风险分析、倡导行动的法律依据分析。

第一节　内部分析

内部分析，即机构的自我评估，也就是对民间环保组织自身的角色定位、能力、优势、资源进行分析。这是在开展一项具体的倡导工作之前必须要做的事情，一个机构的能力、优势、资源、角色定位在一定程度上能够决定民间环保组织做什么和不做什么，以及如何做。

通常，民间组织都拥有自己的愿景、使命和价值观。这三点实际上表明了机构发展和努力的方向。我们首先来界定一下什么是愿景、使命和价值观。

愿景是机构为之奋斗并希望达成的图景，是机构发展的方向。愿景表达的是机构想要达到的理想的状态，可以是5年、10年，甚至更长的时间，这取决于哪个时间对机构来讲是最合适的。共同愿景对机构的员工是一种巨大的激励，会让员工意识到自己所从事的工作是非常有意义和价值的。

愿景往往是一种相对宏观和抽象，又需要长期的奋斗才能接近或实现的目标。而使命要解决的关键问题是如何创造和实现。使命既可以说是实现愿景的关键步骤或手段，又可以说是组织实现愿景的现实的总目标、富有挑战性而且明确的基本任务。使命也是组织成立的目的和存在的原因。对于使命的描述应该包含机构倡导工作的受益方以及致力于满足的需求。使命是机构达成愿景的“指南针”，使命对于愿景来说格外重要，没有使命支持的愿景往往会成为水中月、镜中花。

价值观是机构做出选择和判断所依据的行为准则。价值观决定了机构在运行中做出选择的优先项，也体现了机构内部和外部如何看待这个机构。对于想开展合法的倡导行动的机构而言，法治、善政、信息公开、对话、问责制、公开透明等都应该是机构的核心价值观。这些价值观意味着机构在开展倡导工作的时候会要求政府履行法律，要求当权者决策过程公开透明并且遵守法律程序。信息公开表明机构将会为公众争取监督政府的途径，在公众关心的议题上获得充分的和准确的信息。对话和问责制意味着机构将会倡导当局和公民社会组织、公众之间开展建设性的对话，并且机构将致力于推动政府为自己的行为负责。

当机构开始讨论要如何介入应对一个环境问题的时候，对机构的志愿者来说，很重要的一点是明白为什么要介入以及可以达成什么样的目标。同样重要的是，需要讨论如何才能实现目标。比如，通过提升公众意识、法庭案件、与当局对话等方式。这种讨论将厘清倡导工作的价值依据，还能弄清楚机构代表谁，以及这种代表性如何与自己想要解决的问题向契合。比如，机构代表的是环境权利呢，还是某个群体的利益？

接下来，还需要再审视一下机构自身。给一个具体的环境问题提供解决方案的倡导工作如何与机构的愿景相契合？具体的倡导工作如何为机构的愿景服务？弄明白这一点后，就要来考虑如何将其转化为具体的行动。实现倡导需要做什么？

当用机构的使命、愿景、价值理清了倡导行动的进程之后，接下来就需要思考应该如何做到这些。这就需要对机构的优势和弱势进行分析，这种分析可以帮助机构明白，可以做多少，以及如何制定计划才能扬长避短。

第二节　外部分析

外部分析是指对于机构所工作的领域有一个整体认识，为了确保自己的认识正确，还应该讨论是否要请教专家。机构需要了解谁会在你所倡导的议题上起决定作用，比如：立委、官员、研究机构、决策者，可能会有战略合作的志同道合的机构等；还需要了解相关的制度、法规，并且掌握和自己相关的规则，以及如何运用这些法规、制度、规则来实现倡导目标。

还有一点也非常重要，就是准确地知道和自己的倡导工作相关的决策是如何制定的，以及如何获取制定一份合理的倡导计划所需要的全部信息。非常重要的是最后一点，知道和自己相关的决策、规则有谁来执行以及如何执行。

外部分析也需要理清楚机构开展倡导工作所面临的机会和挑战。

第三节　选定目标

设定合适的倡导目标是开展一项具体的环境保护倡导工作的基本前提之一。目标是引起行为的最直接的动机，合适的目标对人具有强烈的激励作用。因此，应该重视并尽可能设置合适的目标。

要设定合理的倡导目标，首先应该对自己所要解决的问题有清晰、准确的了解，否则，就很难制定有针对性地目标和相应的解决方案。

举例来说，“环境破坏”就不是对问题的清楚、准确的认定，“环境破坏”没有说明“破坏”是何时、何地、以及如何发生的，也没有说明破坏类型，谁该为此负责等。“白河受到了污染，散发着恶臭，水变黑了，威胁了居民健康”，如果没有对问题清楚、准确地认知，我们很难从这个描述中看出来谁该为白河的污染负责任，以及我们该采取什么行动来解决问题。“白河被南阳的一些工厂排放的废水污染了，污染造成了生物多样性和人体健康的巨大损失，白河水失去了饮用水功能，经权威部门检测，水质已达到劣五类，为最差水质。但是有关部门并未采取任何积极措施去保障居民的饮水安全，也并未采取必要的措施来确保白河水不被污染，居民也没有途径去监测水质污染的情况”，这样对问题的表述就比前者清楚的多，我们了解了这些以后，能够知道我们可以做什么，并可以思考我们解决问题的途径。

环境问题并不是孤立的，会涉及到很多其他问题，比如决策过程不公开、不透明，没有充分的公众参与，甚至会涉及到腐败问题。有时候，还会涉及到公平问题，为了某些利益集团和商业团体的利益而牺牲掉当地居民的利益。上面所讲的白河被污染的例子非常复杂，我们必须对这个问题进行详细的分析，以便对具体的问题排出优先序，以明确哪些问题是我们在倡导过程中必须优先解决的。

对所要解决的问题进行详细的分析可以让我们明确：受影响的人群是哪些？哪些人会将这视为一个问题？谁会关心问题的解决？哪些群体会支持我们的解决方案？

在我们对问题进行了详细的分析之后，我们就要对其中涉及的一系列问题进行排序。按照严重程度，可以分为十分严重、严重、不怎么严重等几类，同时，我们也要对问题的变化趋势进行分析，比如，哪些问题正在恶化，哪些基本不变，哪些正在好转等。我们把这些分析结果结合在一起，就可以得出优先序排列：最严重并且正在恶化的问题是最紧急需要应对的，严重但没有继续恶化的次之。

在对问题的现状进行了分析之后，我们还需要去分析导致这一问题产生的原因，问题所产生的影响，并在设计解决方案的时候将这些因素都考虑在内。还是以白河水污染为例，造成污染的企业可能是当地政府为了发展地方经济而不惜付出环境代价而引进的。污染事件的影响就是当地居民的健康受到损害，人们的生计没有保障，生物多样性消亡。因此，在负责任的和公开透明的政府决策就理所当然应该是解决方案的一部分，此外，居民健康受损会导致公共健康方面的财政支出的增加，生物多样性消亡也会导致当地居民收入减少，对这些问题的关注也应该是解决方案的一部分。

在对问题进行完细致的分析之后，我们就可以来制定倡导工作的目标了。本书所讲的倡导是基于法律的倡导，应该具备如下基本要素：改善环境，或者阻止破坏；改善人们的生活；推动人们对法律所规定的环境权的认知；提供持久的解决方案；设定倡导目标群体（政策制定者以及其他有影响力的人群）有时间范围；目标可以促进筹资；可以实现。

设定目标应该坚持SMART（Specific, Measurable, Attainable, Realistic and Time-based）原则。即明确的、可衡量的、可达到的、符合现实的、有时间限制的。明确的，是指目标应该能够被人理解；可衡量的，是指倡导的结果可以测量、评估，来看看倡导是成功了还是失败了；可达到的，是指你目标是可以实现的并且知道如何达成目标；现实的，是指在现有的法律框架、经济条件、政治架构下，目标可以实现；有时间限制，是指制定一个计划，在可以预见的未来，实现这个目标。换句话说，目标一定要明确和可测量，并且是可以实现的，能够被证明的并且在有限时间内实现。

目标设定以后，就要开始考虑如何实现它。第一步就是要明确倡导的目标群体。

通常，倡导工作的目标群体是指决策者，你需要说服他们采取那些能让你达成目标的决策。决策者通常是政府部门、研究机构。你还需要进一步了解在这个研究机构或者政府部门里面，谁才是做决策的人，这个群体就是首要的倡导群体。

除了首要目标群体以外，还应该有第二目标群体，包括可能向决策者施压推动他们采取正确决策的人、研究机构、组织、媒体等。媒体报道能够引起决策者的注意，并且推动他们采取正确的决策。

“目标倒推法”是民间环保组织设计工作计划的重要方法。先想清楚自己的目标是什么，然后从目标出发，反向推演，分析要达到设定的目标，现有条件的瓶颈和制约在哪里，并想办法改进。这种“目标倒推法”比“条件导向法”（即从现有的条件出发，条件有多少，就做多少，也就是说，条件决定结果）更加积极。

设定目标要经过深思熟虑，目标一旦设定，就不要轻易更改，除非大的社会背景发生了巨大的变化，使既定目标出现了非改不可的理由，比如既定目标已经实现或者绝对不可能再实现。

同时，民间环保组织在开展工作的过程中，也应该适时审视自己的目标，根据目标来调整自己的行为，避免“活动陷阱”（Activity Trap），不能只顾低头拉车，而不抬头看路，最终忘了自己的主要目标。

案例2–1：中国公民社会应对气候变化联合研究项目

2007年，气候变化议题得到了中国政府的正面承认和积极回应，迅速成为中国社会关注的热点议题之一。中国从事环境与发展的公民社会组织也迫切需要就气候变化这一议题做出回应，阐明立场，明确今后行动的策略。

在这样的背景下，自然之友、绿色和平、乐施会、行动援助、公众环境研究中心、北京地球村、绿家园志愿者、世界自然基金会等8家公民社会组织共同发起了“中国公民社会应对气候变化：共识与策略”项目，自然之友是该项目的协调机构。

该项目的目标是：立足本土，对气候变化问题进行回应，并对未来的行动策略达成共识，推动更多公民社会组织关注气候变化议题并采取行动。可以分解为三个方面：（1）理清当前国内外民间组织对于国际气候谈判、国内政策措施以及脆弱地区和人群等方面的主要争议，为我国的环境与发展组织提供思考和借鉴；（2）搜集案例，例如呼吁公众响应节能减排号召、帮助干旱地区修建水窖提高抗旱能力、救助灾民恢复生产生活、推动清洁能源政策制定实施等等，全面呈现出公民社会为了缓解气候变化对中国的影响而做出的切实、多样的努力；（3）理清中国公民社会组织在气候变化议题上的立场。

该项目的受益群体是中国公民社会组织。

项目一方面要在执行过程中加强和公民社会组织的交流，在讨论的过程中增强大家对气候变化议题的认识，另一方面，要保证项目的成果对公民社会组织的工作有直接的参考意义。

为此，项目组向全国200余家各类公民社会组织发出了调查问卷，征求他们对气候变化议题的观点、关注程度和开展相关工作的经验；组织了多次工作坊，三十余家民间组织参与讨论了气候变化国际谈判、国内政策及公众参与等议题，并探讨如何将气候变化的视角融入已有的环保、扶贫、社会发展等方面的工作中去。

2007年底，项目产出了《变暖的中国：公民社会的思与行》报告上下卷，上卷《公民社会看气候》，下卷《公民社会在行动》，首次系统呈现了中国公民社会应对气候变化的实际行动。同年，项目组在巴厘岛气候变化谈判期间，发布了《中国公民社会应对气候变化立场》，这是第一次，中国公民社会向国际社会传达自己在气候变化议题上的声音。

2008年和2009年，项目组对气候变化影响进行了研究，并搜集了一系列国际和国内公民社会组织应对气候灾害的案例，编写了《中国公民社会组织如何参与应对气候灾害》报告，希望可以给中国公民社会组织应对气候变化提供一些可以切入的角度以及可以借鉴的经验。

2009年，哥本哈根气候谈判期间，项目组发布了《2009中国公民社会应对气候变化立场》，引起了社会各界的广泛关注。该立场文本被全文收入了《中国政府应对气候变化的立场和行动——2010年度报告》。

2010年，在联合国天津气候变化谈判期间，项目组和中国民间应对气候变化网络以及全球气候行动联盟一起，推动中国公民社会组织在天津谈判期间集体亮相，举办了“绿色中国，竞跑未来”的系列活动。中国公民社会组织在应对气候变化的舞台上日渐活跃。

案例分析

这个案例的倡导方式严格来讲并不是基于法律的倡导，更多的是提升民间环保组织和公众对气候变化问题的认识。不过，这个案例在目标设定方面能给我们一些启发，也告诉我们，将相当抽象的气候变化问题转化为具体的、可操作性的应对方法的问题是可能的。

项目组从一开始就设立了明确的倡导目标，即提升中国公民社会对气候变化问题的认识，“中国公民社会组织”是这个项目的受益群体，并由此出发制定了明确的产出，这保证了项目的实施过程会比较顺利。

由于项目是由多家机构联合开展的，每家机构都有员工投入一定的时间和精力在这个项目上，为了能够让有限的人力、财力发挥更大的效力，项目确定了“协调员+研究小组+执笔人”的工作模式。协调机构聘请一位协调员，每个参与此项目的工作人员组成研究小组，同时公开招聘执笔人，撰写报告。由协调员推动，研究小组成员和执笔人参加，定期举办工作会议，讨论工作进展以及过程中遇到的问题。在开展问卷调查、举办工作坊等具体工作上，采取的也是协调员推动，研究小组成员分工承担的模式。

该项目在媒体、公众层面可能并没有太大的影响力，因为项目组从一开始就将首要目标群体确定为公民社会组织。但是，项目组也没有完全放弃对公众的宣传倡导，为此，项目组开设了博客，及时分享、传播和气候变化有关的各类信息。

从公民社会组织的反馈来看，国内外的公民社会组织对项目产出的报告《变暖的中国：公民社会的思与行》、《中国公民社会组织如何参与应对气候灾害》以及《中国公民社会应对气候变化立场》都有较高的评价。项目确实推动了中国公民社会对气候变化议题的关注度，并加强了国际社会对中国公民社会在气候变化议题上的认识和行动的理解，而且得到了中国政府的肯定。项目最初设定的目标得到了实现。

第四节 利益相关方的分析

环境保护倡导的利益相关方是指和需要解决的环境问题有利益关系的个人或者组织（包括政府部门、民间组织等）。利益相关方分析，首先是要把利益相关方挖掘出来，并对各利益相关方和环境问题的直接利益关系、各利益相关方之间的关系、各利益相关方的资源和影响力等方面进行分析。

通常，在环境保护倡导工作中的利益相关方会有受益方和损益方，倡导的受益方会成为倡导行动的支持者，而损益方则会是倡导行动的反对者。

简单举例来说，在一个污染事件中，有污染者、污染受害者，污染者通过污染环境降低成本，获得经济效益，是受益方，污染受害者的身体健康、经济效益受损，是损益方。环境保护组织在开展倡导工作解决污染问题的时候，污染者的利益会受到一定的损害，污染受害者的权益得到维护，那么，污染者就成为损益方，污染受害者则成为受益方。在倡导过程中，污染受害者就成为环保组织需要争取的同盟。

环境问题和相应的解决方案只有在地的利益相关方参与解决才能达到可持续的满意效果。因此，对利益相关方进行分析，并尽可能争取各利益相关方的支持，是民间环保组织开展倡导行动的基本前提，也是倡导行动取得成功的重要因素。

环境保护倡导所涉及到的利益相关方往往错综复杂。以厦门PX事件为例，其利益相关方包括：政府相关部门（厦门市政府、厦门市经济发展局、厦门市环保局、其他政府相关部门）、投资方（厦门翔鹭石化有限公司）、研究机构（中国环境科学研究院和厦门市城市总体规划环评工作领导小组）、学者（中科院院士，厦门大学教授赵玉芬）、所在地企业（海沧房地产开发商、海沧工业区其他工业企业）、所在地公众（厂址拆迁地村民及周边村民、海沧新城居民）、环保民间组织（厦门绿十字）、媒体（所有关注此事件媒体）、非所在地公众（厦门岛内及同安居民）。

这些利益相关方在这件事情上的利益有正有负，政府能得到GDP和税收的增加，是正利益，政府的经济发展局主管工业企业的发展，当然支持项目的建设和开发，是正利益，作为投资方可以通过产业链的投资建设，获取更大的利润，也是正利益。而海沧的房地产开发商为了赚取更多的利润，发展工业不利于房地产的销售，因此他们的利益会受损，已经在海沧区购买了房产的业主们，更不希望在居住区发展工业，因此他们的利益将受损。其他的各利益方，则可能成为中立者。例如政府其他相关部门，甚至海沧区征地拆迁的居民，虽然房子被拆迁了，如果能获得数额满意的拆迁补偿款，新企业又能为他们提供就业机会，他们的利益不受损，也就表示中立和接受的态度了。

而学者和研究所，本来就作为第三方，需要表达自己的学术或科研成果立场，不存在直接的正利益或负利益。厦门绿十字作为一家环保民间组织，在PX事件中，承担了信息交流平台的角色，反馈公众诉求，举办公众参与座谈会和专家咨询讲座，也是在建立公信力，而对项目本身，也不存在直接的正利益或负利益。

各利益相关方的影响力和重要性也有很大不同，有的重要性和影响力都高，比如厦门市政府、厦门市经发局、厦门翔鹭石化有限公司；有的重要性和影响力都低，比如厦门绿十字，厦门岛内及同安居民，海沧新城居民（未来海岸等），以及厂址拆迁地村民及周边村民；有的重要性高影响力低，比如厦门市环保局、中国环境科学研究院和厦门市城市总体规划环评工作领导小组；还有的重要性低影响力高，比如其他政府相关部门、海沧工业区其他工业企业、海沧房地产开发商、中科院院士、厦门大学教授赵玉芬、媒体。

在PX事件中，最先发现问题的是重要性和影响力都低的群体——海沧新区的居民（未来海岸等），他们采取投诉、游说等方式，动员和争取重要性低、影响力高的群体（其他政府相关部门、海沧工业区其他工业企业、海沧房地产开发商、中科院院士、厦门大学教授赵玉芬、媒体），并不断影响重要性高、影响力低的群体（厦门市环保局、中国环境科学研究院和厦门市城市总体规划环评工作领导小组），与重要性和影响力都高的群体对话，最终促使PX项目迁址。此案例事发突然，因此厦门绿十字在参与的过程中并未进行系统的利益相关方分析，上述分析是在事后进行的。但是，对于民间环保组织介入此类事件依然有很好的借鉴意义。

对利益相关方进行分析，能够清楚地看到哪些利益相关方是自己的同盟，哪些利益相关方是可以争取的，哪些利益相关方是需要改变的对象。环保组织的力量通常比较弱小，在开展倡导活动的过程中，需要广泛寻求各方支持，扩大同盟，这样，倡导行动才更有可能达成目标。

第五节 倡导行动的障碍和风险分析

障碍，是指民间环保组织在通往目标的路上可能碰到的阻碍因素。资金、人力不足，专业能力的缺乏，部分利益相关方的反对，相关法律法规的不健全，都是倡导行动的障碍。比如，我国环境信息公开立法中存在的国家秘密和商业秘密的界定不够清楚，“国家安全、公共安全、经济安全和社会稳定”的例外规定过于笼统，环境信息公开中存在不正当干预等等，都是阻碍环境保护组织从信息公开角度开展倡导工作的障碍。在民间环保组织和公民个人开展的信息公开申请实践中，上述问题经常成为有关政府部门拒绝信息公开的借口。北京师范大学博士生毛达向北京市环保局和国土资源局申请公开《北京市生活垃圾填埋场污染风险评价》，结果国土资源局将毛达的申请信原封不动地退回，北京市环保局拒绝公开，理由有两点，一是说这份评价报告数据不全，有待进一步的调查；二是说这是“秘密”，不能公开。

在开展倡导行动之前，应该对倡导行动可能遇到的障碍进行分析，并设计出相应的解决方案，克服障碍，对于短时间内无法克服的障碍，可以对倡导行动的路径进行适当的调整。比如，专业能力欠缺，可以通过调动机构外部的力量来进行弥补，寻求专业人士的帮助。举例来说，目前绝大多数的民间环保组织都欠缺法律方面的能力，在提起行政复议、诉讼的时候，应该寻求法律专业人士或机构的帮助。

风险，通常是指由于环境保护倡导者主观上不能控制的一些因素的影响，使得实际结果与倡导者的事先估计有较大的背离而带来损失。这些背离产生的原因，可能是倡导者对有关因素和未来情况缺乏足够的信息而无法作出精确估计，也可能是由于考虑的因素不够全面而造成预期效果与实际效果之间的差异。

风险分析是找出行动方案的不确定性（主观上无法控制）因素，分析、评估其可能对倡导行动产生的影响，并采取措施规避风险。

民间环保组织在开展倡导行动的时候面临的风险

政治风险：虽然环保民间组织的社会认知度在不断提高，但总体上来讲，其生存环境并没有太大的改善，有不少力量对环保民间组织缺乏应有的信任。民间组织随时有可能会被以各种理由处罚甚至取缔。民间环保组织的倡导行动有时也会被贴上“敏感”的标签。对于政治风险，民间组织通常都有比较清楚的认识，因此在开展倡导工作的时候大都会对某些关系到自身生死存亡的特定的风险进行分析和规避。

人身安全风险：在有些倡导行动中，有些和民间组织站在对立面的利益相关方力量非常强大，有些时候甚至会威胁到倡导者的人身安全。2004年，河南新乡市环境保护志愿者协会负责人田桂荣曾对自己家乡的卫河和共产主义渠的污染情况作了全面调查，并把自己的调查结果汇报给有关部门。为此，当地有人跑到田桂荣家威胁她说：“要想搞环保，你去别的县市搞，别在自己家门口揺。否则，活着不让你进村，死了也不让埋在村里。”[1]淮河卫士霍岱山在开展倡导工作的时候也面临人身安全方面的威胁，他经常接到匿名威胁电话，还多次被围追堵截，被摄像头监控，甚至被打。一次，霍岱珊在淮河边发现了几个排污口，拍完照片刚骑着自行车往回走时。就有阵阵沉闷马达声，伴着一股杀气袭来。原来有几辆摩托车和一辆小轿车撵了过来，他们把霍岱珊夹在中间。几个彪形大汉跳下车，说了句“打的就是他”，拳脚就雨点般砸向他，还把他的相机摔坏，拆走了胶卷。临走还告诉他以后少管闲事。[2]

法律风险：中国的法律非常繁多，很大一部分平时不常用到，民间组织也没有了解，这在有的时候可能会带来一定的风险。比如，有的环保组织在开展倡导活动会用到GPS，鉴于目前GPS的使用已经非常普遍，因此根本不会考虑到使用GPS的合法性问题。但实际上，国家测绘局2007年11月19日发布的《关于导航电子地图管理有关规定的通知》第九、十条规定：除依法取得导航电子地图测绘资质的外，其他单位和个人在使用导航电子地图过程中，不得携带其他带有空间定位系统（如GPS等）信号接收、定位功能的仪器开展显示、纪录、存储、标注空间坐标、高程、地物属性信息，以及检测、校核、更改导航电子地图相关内容等测绘活动。由导航电子地图、导航软件、导航设备构成的导航产品，不得设置以文本或数据库等任何形式显示、纪录、存储涉密基础地理信息数据（坐标、高程等）的功能选项。

虽然目前对GPS的使用已经非常普及，但是，民间环保组织在开展倡导行动的时候还是应该加以注意，这很有可能成为有关方面阻碍倡导行动的理由。

第六节 倡导行动的法律依据分析

民间组织的倡导工作首先要遵守有关的法律法规，不能有违法行为，这

[1] CCTV感动中国2005年度人物候选：田桂荣[EB/OL]. http://news.sina.com.cn/c/2005-12-07/12278516291.shtml.

[2] 淮河卫士霍岱山[EB/OL]. http://www.acef.com.cn/html/rwzl/7390.html

是不言自明的。而利用法律手段进行倡导工作，目前的应用还比较少。自然之友总干事李波在自然之友于2011年4月27日举办的“信息公开三周年研讨会”上也表示，尽管最近几年在污染损害问题上已经有法律的介入，但是在自然保护、生物多样性保护领域，法律的介入依然非常少。

出现这种状况的原因，一是民间组织大都缺少法律方面的专业能力，二是中国目前的法律留给公众参与的空间还比较小，而民间组织对于这有限的行动空间也缺乏了解，尝试的成本通常也比较高。

事实上，虽然我国目前的法律法规还有不尽如人意的地方，但是已经基本形成了一套法律体系。目前我国环境方面的法律有《环境保护法》、《水污染防治法》、《大气污染防治法》、《环境噪声污染防治法》、《固体废物污染环境防治法》、《海洋环境保护法》、《环境影响评价法》等。此外，还有相当数量的地方性法规和部门规章。比如，受到较多关注的《环境影响评价公众参与暂行办法》、《环境信息公开办法（试行）》等。

利用法律手段进行倡导并不仅仅局限于诉讼，也包括依法申请信息公开，参与法律法规的制定，在有关的法律法规草案征集意见期间提交意见等等。应该说，民间环保组织在利用法律手段开展倡导工作方面还是有很大的成长空间的。近几年，随着公益诉讼相关制度的改进，随着民间环保组织对相关法律的了解逐渐增强，民间组织也越来越多地尝试利用法律手段开展倡导工作。

信息公开的法律依据分析❶

在民间组织已经开展的利用法律手段进行的倡导行动中，依法申请信息公开是很重要的一个方面。我国环境信息公开方面的法律有：

《政府信息公开条例》（2007年4月5日发布），该条例规定政府信息公开的原则、范围、内容、方式和程序、监督和信息获取保障、管理机构的职责等。其中政府的环境信息是信息公开的重要内容之一；

《环境信息公开办法（试行）》（2007年4月11日发布），该办法将不仅

❶ 根据中国政法大学教授王灿发在自然之友组织的“信息公开三周年研讨会”上的演讲整理而成。

将政府信息公开的规定具体化，而且增加了企业信息公开的内容；

《国家环境保护总局关于加强上市公司环境保护监督管理工作的指导意见》（2008年2月22日发布），该指导意见要求积极探索建立上市公司环境信息披露机制，对未按规定公开环境信息的上市公司名单，及时、准确地通报中国证监会，由中国证监会按照《上市公司信息披露办法》的规定予以处理；

《环境影响评价公众参与暂行办法》（2006年6月24日发布），该办法规定了公众参与的一般要求（包括公开环境信息、征求公众意见）、公众参与的组织形式、调查公众意见和咨询专家意见（包括座谈会和听证会）、公众参与规划环境影响评价的规定等。

此外，几部单行法律中也有相关的规定。

《大气污染防治法》第20条第2款：“在大气受到严重污染，危害人体健康和安全的紧急情况下，当地人民政府应当及时向当地居民公告。”第19条：“国务院环境保护主管部门对未按照要求完成重点水污染物排放总量控制指标的省、自治区、直辖市予以公布。省、自治区、直辖市人民政府环境保护主管部门对未按照要求完成重点水污染物排放总量控制指标的市、县予以公布。县级以上人民政府环境保护主管部门对违反本法规定、严重污染水环境的企业予以公布。”

《清洁生产促进法》第31条：“根据本法第17条规定，列入污染严重企业名单的企业，应当按照国务院环境保护行政主管部门的规定公布主要污染物的排放情况，接受公众监督。”

《循环经济促进法》第10条第3款：“公民有权举报浪费资源、破坏环境的行为，有权了解政府发展循环经济的信息并提出意见和建议。”第17条：“国家建立健全循环经济统计制度，加强资源消耗、综合利用和废物产生的统计管理，并将主要统计指标定期向社会公布。”

《环境影响评价法》第5条：“国家鼓励有关单位、专家和公众以适当方式参与环境影响评价”。第11条：“专项规划的编制机关对可能造成不良环境影响并直接涉及公众环境权益的规划，应当在该规划草案报送审批前，举行论证会、听证会，或者采取其他形式，征求有关单位、专家和公众对环境影响报告书草案的意见。但是，国家规定需要保密的情形除外。编制机关应当认真考虑有关单位、专家和公众对环境影响报告书草案的意见，并应当在报送审查的环境影响报告书中附具对意见采纳或者不采纳的说明。”第21条：“除国家规定需要保密的情形外，对环境可能造成重大影响、应当编制环境影响报告书的建设项目，建设单位应当在报批建设项目环境影响报告书前，举行论证会、听证会，或者采取其他形式，征求有关单位、专家和公众的意见。建设单位报批的环境影响报告书应当附具对有关单位、专家和公众的意见采纳或者不采纳的说明。”

有关行政法规中也有相关的规定。

《危险废物经营许可证管理办法》第17条：“县级以上人民政府环境保护主管部门应当通过书面核查和实地检查等方式，加强对危险废物经营单位的监督检查，并将监督检查情况和处理结果予以纪录，由监督检查人员签字后归档。公众有权查阅县级以上人民政府环境保护主管部门的监督检查纪录。”

公众和民间环保组织获取信息的途径有如下几种：利用公开途径收集；申请，公民、法人和其他组织申请环保部门提供政府环境信息的，应当采用信函、传真、电子邮件等书面形式；采取书面形式确有困难的，申请人可以口头提出，由环保部门政府环境信息公开工作机构代为填写政府环境信息公开申请。

法律对环境信息获取的补救手段有如下规定：《政府信息公开条例》第33条：“公民、法人或者其他组织认为行政机关不依法履行政府信息公开义务的，可以向上级行政机关、监察机关或者政府信息公开工作主管部门举报。收到举报的机关应当予以调查处理。公民、法人或者其他组织认为行政机关在政府信息公开工作中的具体行政行为侵犯其合法权益的，可以依法申请行政复议或者提起行政诉讼。”

《环境信息公开办法（试行）》第26条：“公民、法人和其他组织认为环保部门不依法履行政府环境信息公开义务的，可以向上级环保部门举报。收到举报的环保部门应当督促下级环保部门依法履行政府环境信息公开义务。公民、法人和其他组织认为环保部门在政府环境信息公开工作中的具体行政行为侵犯其合法权益的，可以依法申请行政复议或者提起行政诉讼。”

信息公开是公众参与的前提和基础，在目前“主动信息公开”不尽如人意的情况下，依法申请信息公开应该成为民间组织开展倡导工作的常用手段。如果信息公开申请遭到拒绝，民间组织还可以采取向上级环保部门举报、行政复议、行政诉讼等手段进一步维护自己的权益。

案例2-2：自然之友申请信息公开

2011年1月4日，环保部对申请晋升和调整的国家级自然保护区进行公示，公示文件显示，长江上游珍稀特有鱼类国家级自然保护区的调整申请已经获得国家级自然保护区评审委员会的评审通过，调整后的保护区面积缩小1460.4公顷。环保部公布了该保护区调整前后的两幅地图。❶

自然之友认为，环保部公示的信息过少，不足以作为公众参与的依据。

1月18日，自然之友就“长江上游珍稀特有鱼类国家级自然保护区调整”一事向环境保护部申请三项信息公开，这三项信息为：保护区调整的申报书；保护区范围调整部分的综合考察报告；国家级自然保护区评审委员会2010年度评审会议针对此保护区的评审意见和会议纪录 。

这三项信息公开申请于1月18日当天被环保部受理。

2月17日，自然之友收到环境保护部寄出的回复，被告知：《长江上游珍稀特有鱼类国家自然保护区调整的申报书》和《长江上游珍稀特有鱼类国家自然保护区范围调整的综合论证报告》不属于环保部政府信息公开范围。长江上游珍稀特有鱼类国家自然保护区调整申请是由农业部向国务院提出的，其申报书为农业部填写。长江上游珍稀特有鱼类国家自然保护区调整申请是由农业部向国务院提出的，其综合论证报告为农业部编制。根据《中华人民共和国政府信息公开条例》第17条有关规定，请与农业部联系政府信息依申请公开事宜。国家级自然保护区评审会议实行投票制，并不对每个自然保护区形成具体的评审意见，因此无法提供“国家级自然保护区评审委员会2010年度评审会议针对长江上游珍稀特有鱼类国家自然保护区的评审意见”。国家级自然保护区评审会议的会议纪要只是写明了会议评审结果，已经公开。

根据环境保护部答复的情况，自然之友于2月17日向农业部提出信息公开申请，申请其公开：长江上游珍稀特有鱼类国家自然保护区调整的申报书；长江上游珍稀特有鱼类国家自然保护区范围调整的综合论证报告；同时，再次向环境保护部提出信息公开申请，申请其公开：国家级自然保护区评审委员会

❶ 链接地址：http://www.zhb.gov.cn/gkml/hbb/bgg/201101/t20110114_199886.htm。

2010年度会议针对长江上游珍稀特有鱼类国家级自然保护区调整的投票情况；国家级自然保护区评审委员会成员名单。

3月9日，农业部做出如下答复："长江上游珍稀特有鱼类国家级自然保护区调整的申报书"和"长江上游珍稀特有鱼类国家级自然保护区范围调整综合论证报告"为讨论、研究或者审查中的过程性信息，根据《中华人民共和国政府信息公开条例》、《国务院办公厅关于做好政府信息依申请公开工作的意见》（国办发[2010]5号）的有关规定，不属予公开范围，不予公开。

环保部答复如下："国家级自然保护区评审委员会2010年度评审会议针对长江上游珍稀特有鱼类国家自然保护区各专家评审的打分纪录"，属于处于审查中的过程性信息，不予公开。

而对于申请公开"国家级自然保护区评审委员会2010年度评审会议专家名单"，环保部表示根据工作需要，需延期15个工作日作出答复。3月23日，环保部答复称：国家级自然保护区评审委员会2010年度评审会议专家任期五年，组成人员基本固定。为保证今后三年评审工作正常开展，在专家任期届满之前，不予公开专家名单。

3月24日，自然之友对农业部提起行政复议。要求撤销农业部办公厅已做出的拒绝公开信息的决定，依法公开信息，并要求一并审查《国务院办公厅关于做好政府信息依申请公开工作的意见》中"行政机关在日常工作中制作或者获取的内部管理信息以及处于讨论、研究或者审查中的过程性信息，一般不属于《条例》所指应公开的政府信息"规定的合法性，并依法作出处理。

5月13日，农业部对该行政复议做出答复，认为此前农业部做出的"不予公开信息"的决定并无不当；自然之友提出的对国办发[2010]5号文件进行合法性审查的请求不符合《中华人民共和国行政复议法》第7条的规定。

自然之友在接到该行政复议决定书后，已向国务院申请最终裁决。

案例分析

应该说，目前，基于法律的环境保护倡导行动还处于起步阶段，而且困难重重。据中国政法大学污染受害者法律帮助中心主任王灿发教授介绍，污染受害者法律帮助中心自成立以来所受理的案件中，只有三分之一左右是胜诉的。民间环保组织在申请信息公开方面也面临很多困难，经常被所申请信息为国家机密、商业秘密、危害国家安全社会稳定为由遭到拒绝。但是，这并不能否定民间环保组织利用法律手段进行倡导的意义。在很多案例中，民间环保组织虽然在法律行动上失败了，但是民间环保组织利用法律进行倡导这种行动本身会引起媒体和公众的关注，并间接给政府施加压力，最后也能推动倡导工作的进程。

而且，我们确实可以看到，在经过了多年的努力之后，民间环保组织利用法律手段进行环境保护倡导的空间在不断扩大。有些地方建立了环保法庭，在进行公益诉讼方面的探索；政府在信息公开方面的表现也有了一定的改善。公众环境研究中心和美国自然资源保护委员会联合开展的污染源监管信息公开指数评价显示，2009～2010年度中国113个城市污染源信息公开水平总体上比2008～2009年度有所提升，有的城市进步很快。中国政法大学和第19条组织联合开展的一项研究也显示，环保部门在信息公开方面有明显的进步。这也为环保组织运用法律手段开展倡导工作提供了一定的基础和支持。

案例2-3：环保组织给《关于加强生活垃圾处理和污染综合治理工作的意见（征求意见稿）》提建议

2010年6月，环保部就环保部、住房与城乡建设部、国家发展和改革委员会联合草拟的《关于加强生活垃圾处理和污染综合治理工作的意见（征求意见稿）》（以下简称《意见》）向社会公众征求意见。在得知这一消息后，自然之友、达尔问自然求知社等环保组织积极响应，采取了一系列的行动。

自然之友首先通过网站、电子刊等形式，将此消息进行了二次传播，并收集了大量的公众反馈，也鼓励公众亲自向环保部提交意见。自然之友在研究公众意见的基础上，结合自己长期的调查研究工作，向环保部提出了综合意见、程序性建议和针对《意见》具体条文的建议。

达尔问自然求知社也向环保部提交了建议，并且在征集意见期间召开了一次大讨论，将关注城市垃圾问题的环保组织和个人，以及众多的媒体记者汇聚在一起，对《意见》的内容进行讨论，并商讨下一步的行动方案，并掀起了垃圾问题讨论的小高潮。

最终，环保组织关于延长征求意见时间的程序性建议被采纳，征求意见的时间延长了一星期。在延长的那一周里面，自然之友、达尔问继续鼓励更多环保组织、公众提交意见，同时也进一步完善了自己机构的建议。

案例分析

环保组织开展倡导工作有一套系统的路径，通常会包括了解问题、决定介入、明确目标、利益相关方分析（明确同盟军和主要的目标群体）、风险分析、确定角色定位、制定倡导策略和工作计划（计划要根据实际情况进行调整）、提出项目建议制定合理的预算并申请经费、项目实施过程中的评估和调整、实现倡导目标。

第三章　基本方法

第一节 概 述

任何环境倡导方法都必须在法律和政策的框架内解决问题。环境的状况受法律和政策的影响非常大，因此，分析法律和政策的实际情况，了解法律和政策能解决什么样的问题，是非常重要的。在这方面，有三点是需要注意的：

第一，在各个层面上，政策和有问题领域之间是什么关系？政策是否和保护环境的法律相和谐？政策真的支持环境保护吗？

第二，保护环境的法律规定和法律程序是否能够被强制执行？如果能，它们能不能被全面地实施？立法者能不能履行自己的义务？

第三，公民是否发觉、是否知道政策和法律是能够调整环境问题的？公民是否真诚地支持现在的立法标准和程序？他们有没有通过自己的行动，被动无知地破坏执法？

回答这些问题非常重要，它可以帮我们了解政府和环境之间的关系，在计划一个倡导工作、瞄准目标的过程中，这一点绝对必要。回答这些问题，不仅能全面的看待环境方面的法律和政策，而且有助于读懂现行法律——规则和政策是否充分的保护环境？或者法律、政策、政策实施方法是否应该修订，以可持续的解决问题？

如果法律和政策在保护环境方面太弱了，那么花费很多精力解决一个工厂的污染问题是一种浪费，因为它不能建立一种规则，对其他工厂产生约束。如果法律很弱、政策是错的、或者法律和政策不能被执行，那么解决一个工厂的问题不能复制的，也就不能产生长期的影响。

成文法、政策和预算

当我们分析环境政策和法律的时候，应该关注立法状况、了解成文法和有关政策，也要了解执法方面的资金情况。

我们应该懂得当局是怎么看待我们期望的环境问题的。我们是否可以利用法律杠杆？我们是否了解行政管理？当局的政策是否符合成文法，能够有利于我们解决问题？也许我们的倡导目标应该是推动环境政策的改变；也许我们应该利用政策作为参考，因为它们确实支持我们解决问题。我们也应该关注政府管理和执法的预算，因为即使有好的政策和法律，没有财政上充分的支持，也不能产生应有的影响。

行政机关、企业、公民社会

理解法律实施和政策执行的机制非常重要，这些机制在各个层面上对当局有重要的影响。比如：部委和政府机关决策的公众参与程度，法院、财政机关、公共政府运行的项目的情况，地方和市政环保机构的情况等。

与此同时，法律和政策不会被割裂实施，它们通常是和各种社会机构相互联系的，包括：商业机构、金融机构以及非营利机构。所以非常有必要了解这些机构对法律和政策执行的影响。

人

当我们聚焦于某个环境问题时，我们必须确定倡导过程中的人为因素。参与者应该被环境问题所影响，是环境污染的受害者，或者可能成为环境污染的受害者。

在环境保护的过程中，应该了解人们的行为和环境问题之间的关系，也许法律提供了对环境很好的保护，但是老百姓不知道通过法律框架和政策诉权。因此充分考虑人民和政府间的关系，有利于环境问题在法律框架内解决。

另外，在环境倡导时应该充分考虑到人们的行为被很多其他因素影响，包括：所处的社会阶层、文化背景、意识形态、宗教信仰、种族、性别和年龄。

倡导方法

经过对成文法、政策、财政预算的分析，就能提供充分的信息，解决问题，是推动法律政策改善，还是寻求有价值的有利于保护环境政策、法律，帮助我们达成环境倡导的目标。

通过分析行政机关、企业、公民社会的实际情况，就能知道在环境问题上是否存在执法和行政方面的不公正，是否需要把推动社会公平纳入到环境倡导之中。还可以由此使环境倡导影响公司的政策和管理，一些在环境问题上有劣迹的公司也能成为倡导工作的对象。这些分析还可以使我们了解公民社会的需求结构，推动政府的行政机关和公司、企业的责任人行动起来。倡导方法的选择应该和要解决的实际问题紧密相关。

对人的因素进行分析后，可以通过教育，帮助人们了解他们在环境方面的权利，并影响他们所关注的法律的运用和政策实施，促使问题得到解决。

第二节　教育宣传

通过教育宣传进行环境倡导非常重要，有效的教育宣传可以帮助在公众、社区、专家之间，传播环境保护理念，促进环境意识的提升。同时可以建立稳固的环境保护平台。教育同时还是促进人们提高环境的权利意识和法律公正的手段。它不仅可以从影响立法和推动法律公正方面解决环境问题，而且可以教给公民如何进行有效的环境倡导，达到公正地解决环境问题的目的。

在使用教育的方法时，重要的是教给人们如何学习。教育教给人们独立思考，同时可以启发人们运用自己的知识和技能改善环境，解决环境问题。在进行教育的过程中，要承认和尊重人们已有的知识，并且努力发掘更深的认识。教育和宣传对象应该以参与的方式学习，通过学习寻求额外的认知，并且把认知变成实际行动。教育的核心问题是如何激励人们学习，这方面，最基本的原则就是让人们认识到他们所学的和自己密切相关。这意味着学习内容要和他们的日常生活有关，而且和他们面临的问题有实际联系。要指出的是，好的、有影响的教育应当降低人们被动受助的程度，而让他们成为主动活跃的改变局面的力量。

环境教育

环境教育包括两个方面，第一是面向社区的环境教育，在特定的居民社区，教给居民如何关爱身边的环境，如何解决身边的环境问题，如何维护自己的环境权益。二是公众环境教育，指的是走出特定社区，在更大的范围内面向更大的人群，针对影响范围更大的环境问题展开教育。公众环境教育和社区环境教育没有明确的分界线，不能说人数在多少以上，范围在多大以上，就是公众环境教育。这两种教育的方法有共通之处，同时有不同特点。通常公众环境教育的教育内容和对象不特定，而社区环境教育的教育内容、对象和要解决的问题是特定的。

社区环境教育

1. 作用和意义

社区环境教育是通过教育的力量，使社区民众自觉地、自主地参与改善社区环境及社区政治、经济、文化生活的过程。

社区环境教育可以促使当地社区居民重拾本土文化，重视长期与环境协调发展的本土文化的价值，发掘和重新认识其中的智慧；社区环境教育还可以使当地居民学习应对环境变迁的方法，了解和维护自己的环境权利。在这个过程中，让方言区、民族语言区域的人们读懂现行法律，让他们能够向行政机关表达改善环境的诉求非常重要。同时社区环境教育还可以培养本地居民成为环境倡导工作的重要力量，提高社区居民参与环境倡导的能力，促使环境保护的直接受益者和环境破坏的直接受害者——本地社区居民积极有效参与维护本地区环境的工作中，并成为环境倡导主体。

2. 工作要领

（1）确立与本社区息息相关的环境教育的目标和主题。

（2）与当地社区内部的精英人士合作。

（3）传播途径方面要充分利用本社区的活动。

（4）制作社区居民能够接受的阅读材料和实用道具。制作阅读材料、实用道具、宣传品等需要有一定的资金支持。

案例3-1："曾经草原"在内蒙古锡林郭勒和呼伦贝尔牧业社区分发法律手册

从2001年起，"曾经草原"开始在内蒙古锡林郭勒、呼伦贝尔牧区进行普法宣传。

选择普法宣传作为草原环保的突破口，是因为"曾经草原"的负责人陈继群发现，对草原牧民的集体土地权利的侵犯正是草原上许多环保事件的共同特点，如：开办高污染的企业、开矿山、开垦土地，这些都要占地。侵占牧民集体土地、不对集体土地所有者进行赔偿，造成大多数外来企业占地成本十分低廉，形成了巨大的利润空间。但是违法占用草原牧区土地之后彻底破坏了当地牧民生活和生态环境，而传统牧民的游牧生产方式和大自然相互和谐，能保持草原长期良好运行，同时牧民认识到土地的巨大价值也可以促进牧民自觉维护土地权益，并且用适合草原的方式经营，使牧民本身在草原保护中发挥作用。因此，在牧民中普法是一个可以事半功倍，并持续发挥效益的保护环境的方法。

为此，陈继群选择首先选择《土地法》、《宪法》，由于内蒙古牧区大部分牧民使用蒙古语，陈继群请中央民族语言编译局的朋友帮忙把法律翻译成蒙古文，印成小手册后，分发给牧区。《宪法》和《中华人民共和国土地法》规定；"农村土地归村民集体所有并应该依法登记"，既然土地是农牧民的集体财产，集体的领导人在其中的作用就非常大，因此，陈继群又请人翻译了《村民委员会组织法》，印成小手册分发；由于土地有经济价值，土地承包以后，牧民变成一家一户的经营方式，不能游动了，而拥有集体土地产权的合资合作经营可以在一定程度上恢复传统游牧，了解现代经济法，也有利于牧民集体和征地方的谈判，陈继群又翻译印发了《公司法》、《合同法》等经济方面的法律。先后印发（编印）蒙古文法律手册20集，分发数万本。很多牧区的行政村长看到手册后到当地政府那里依法申请集体土地登记，领到了证明自己土地权利的《农村集体土地所有证》，为牧民今后依法管理集体财产和维护环境权益打下基础。

在法律手册的分发过程中，陈继群采用了很多方法，最初是请从牧区出来的学生放假时把手册带回去，后来和“吉祥三宝”合作在北京开办牧民信息培训班，还利用他们回乡演出的机会，在他们的家乡分发小册子。草原上牧民平时居住分散，但有重要演出的时候，牧民会大老远地赶来聚会，在演出现场，蒙古族演员和民间环保组织向牧民介绍法律手册的作用，并发给牧民，效果非常好。

法律手册分发在锡林郭勒盟西乌珠穆沁获得突破性进展也和当地精英的介入非常有关。当地的一位喇嘛，也是旗人大代表、锡盟政协委员的色恩道看到法律手册后，深受感动，以他自己的名义和牧民们习惯的语体讲土地证的道理，并在旗人大、政协开会时宣传，很快处于犹豫怀疑状态的牧民普遍接受了依法保护土地权益的思路，纷纷申请土地登记、领取土地所有权证书。

在申领土地证的过程中，不止发手册那么简单，其中会遇到很多问题，这就要熟知国家法律和程序，随时为牧民提供帮助。比如色恩道被自己出生的村子选举为嘎查长（村长），而他的哥哥是那个村的村委书记，当时旗里立刻有干部对此进行干涉，认为村委书记的弟弟不能当村长。陈继群立刻找到鼓励村委书记本人参选村长的中央文件，还找到“不分民族、职业、宗教信仰、教育程度，都有选举权和被选举权”的相关选举法条作为依据，对色恩道进行支持。

经过多年的努力，现在锡林郭勒盟的东乌珠穆沁旗和西乌珠穆沁旗已经有一半的嘎查领到了土地权证，并从中发现了当地官商勾结的一些非法土地交易证据，向有关检察、监察单位进行了举报，当地牧民还在继续依法主张自己的土地权益，争取解决被企业、矿山占据的土地问题，维护法治社会的公平和尊严。

案例分析

这是一个典型的在法律框架下的环境倡导案例。在这个案例中：

第一，曾经草原（陈继群）首先确立了普法宣传确认牧民对土地的合法权益作为社区教育的内容，通过普法、确权提高牧民对乡土的管理能力从而限制污染企业进入。

第二，陈继群将维护牧民权益的法律译成蒙古语印成手册，分发给牧民，使牧民能够使用自己的母语阅读和理解，这是至关重要的，如果没有这项工作，这个活动就完全没有效果。

第三，在普法过程中，陈继群选择和来自草原的歌手“吉祥三宝”一家合作，选择和当地的精英人士色恩道合作，这些人都是社区精英，他们的认同说明这个环境教育找对了方向，而他们的合作比外界的灌输更容易被社区居民接受。

第四，分发法律手册的过程中，陈继群多次利用牧民聚会的机会，可以扩大传播面，降低成本，促进交流。

这些措施的采取，对普法的进行产生了重要的作用，使草原普法成为在牧民社区有长期广泛的影响。这个案例同时显示出，进行社区环境教育需要长期植根于社区，深入了解社区的情况和需求，由此才能够收到一定成效。

小贴士

社区环境教育有很多种，引领社区居民关注和解决自己身边的环境问题看似做得都是小事情，但是随着这种教育的普及，社区居民真正行动起来，就可以使各种环境问题随时受到关注，环境破坏事件随时受到制约。这种教育活动可以在环境危机地区首先开始，也可以在仍然保护的很好的自然保护区开始，范围广，方式多种多样，效果具有可持续行性，可以形成地方的民间环保组织民间环保组织，也可以在外来民间环保组织民间环保组织撤出后，持续保持活力。

法律点评

1. 土地法

土地法是指国家调整土地所有、占有、经营、使用、保护、管理中所发生的各种社会经济关系的法律规范。目的是维护统治阶级的土地经济利益，稳定社会经济秩序和政治统治。

其调整对象包括：（1）关于土地所有权、占有权、使用权、经营权的规定。在西方发达国家还有土地买卖、租赁、转让、继承和典当等法律规定。这些都是土地法的核心部分是其他土地立法的前提。

（2）关于土地规划、利用和保护等方面权利义务关系的规定。经济发达国家都有这方面的立法，特别是现代经济发展中，环境保护、水土保持和维护生态平衡等方面的立法普遍引起各国的关注。

（3）关于公共设施和现代化占用和征用土地方面的规定。这方面的法律问题日趋尖锐，特别是人多地少的国家更重视这方面的立法。

（4）关于土地管理方面的规定，包括土地管理机关和土地测量、登记、统计、发证、档案等方面的法律规定。

其法律渊源主要包括：《宪法》；《中华人民共和国土地管理法》、《中华人民共和国民法通则》、《中华人民共和国房地产管理法》、《中华人民共和国物权法》以及其他关于土地法的法律，如《中国人民共和国草原法》、《中华人民共和国森林法》等；行政法规及国务院文件，如《中华人民共和国土地管理法实施条例》、《中华人民共和国城镇国有土地使用权出让和转让暂行条例》、《中华人民共和国河道管理条例》；部门规章、规范性文件，如《土地登记规则》、《土地权属争议调查处理办法》、《土地登记资料公开查询方法》；地方行政法规、行政规章；最高人民法院司法解释。

2. 村民委员会组织法

《村民委员会组织法》的法律依据是中华人民共和国宪法，从法律特性上说，它是国家的一项基本法律。它立法的指导思想是：为了保障农村村民实行自治，由村民群众依法办理群众自己的事情，促进农村基层社会主义民主和农村社会主义物质文明、精神文明建设的发展。

村民委员会的性质：村民委员会是建立在农村的基层群众性自治组织，不是国家基层政权组织，不是一级政府，也不是乡镇政府的派出机构。

村民委员会成员不脱离生产，根据情况，可以给予适当补贴。补贴标准原则上与本村人均收入挂钩或略高，由全体村民充分讨论决定，报批乡、镇人民政府批准。要做到既不增加群众负担，又能使所筹集的经费落到实处。

公众环境教育

相关定义

公共环境教育是面向不特定的公众群体组织的推广环境保护理念、参与环境保护实践的活动。概念有广义和狭义之分。广义的公众环境教育包括面向公众的各种关注环境的宣传教育，包括沙龙讲座、新闻出版、举办引领性活动、文化活动等等。狭义的公众教育专门指为提高公众环保理念组织的有稳定性和持续性和可参与性的活动。本节主要介绍狭义的公众环境教育。典型的公众环境教育包括：引领公众进行自然观察、清理垃圾、社会调查、组织低碳出行等。

作用和意义

公共环境教育的基本作用是在公众中推广环境保护的基本理念，给普通公众提供参与环境保护实践的机会。

它有几个特点：（1）参与人数多，影响面大，扩大环境保护工作的群众基础；（2）容易引起媒体关注，通过媒体可以进一步放大影响；（3）可通过实践使公众对环境保护有直接的认识，使环保理念深入人心；（4）特别有利于推广环境保护的基本观念。

工作要领

做好公众环境教育首先要有相对稳定的教育主题；然后要能够组织有一定规模的公众参与；活动内容应道具有可参与性；活动中要有知识普及和讲解；活动本身要有趣味性，寓教于乐。

案例3-2：“厦门绿十字”鹭岛关爱日

厦门是一个风景秀美，气候宜人的滨海小城，非常难得的是，厦门位于经济发达地区，环境有很多工厂、企业，但是自然环境和人居环境一直维护得不错，但是在经济高速发展的中国，要继续维持这种局面，需要付出很多努力，最关键的是本地居民必须有足够好的环境意识，推动环境向好的方向发展。在这个背景下，2000年“鹭岛关爱日组委会”开始举办首届厦门鹭岛关爱日活动。

鹭岛关爱日活动是在每年四月的第三个周末，组织志愿者参与环境主题活动。最初的鹭岛关爱日是选择清理城市垃圾作为主题，组织志愿者清理海滩和城市的垃圾。经过一、两年的类似活动后，整个城市的环境意识明显提高，市民意识的提高，加上环卫工作的改善，清理垃圾的作用和意义就有所下降了。鹭岛关爱日组委会又根据情况变化，延伸出新的活动主题，包括清理外来物种，推广垃圾分类，推动使用布袋子等等，其中还包括后来在全国有广泛影响的“绿色出行”，推动在厦门步行街，朝着把厦门建立成生态宜居和可持续发

图3-1　2007年鹭岛关爱日“节能减排 为地球退烧”

图3-2　2009年鹭岛关爱日“低碳生活我先行”

展城市的方向努力。

在鹭岛关爱日的举办过程中，“厦门绿十字”和当地企业积极合作，从企业得到资金支持，并使企业员工成为志愿者的重要力量，企业也从活动当中树立了企业文化和社会公益形象。同时，鹭岛关爱日作为厦门人关爱自己生活环境的一个公众参与平台，把当地的相关政府部门、大学社团、中小学生、文艺团体、事业单位等，都拉到了一起，共同参与和推动，而各行各业的广泛参与，也让各大媒体能长期、持续的关注这一活动，连续十年的工作下来，鹭岛关爱日影响的当地公众超过了百万人。随着活动影响力的增加，对厦门整体环境意识的提升产生了非常积极的影响。

案例分析

提高广大公众的环境意识，是公众环境教育的重要指标。“鹭岛关爱日”从关注厦门的环境清理垃圾开始，逐步推广到绿色出行、建立宜居城市等方面；从一开始就有一定的参与规模；坚持时间很长，并且在活动中通过媒体和活动本身的宣传，提高居民的环境意识，此外活动还设计了晚餐会等具有参与性和亲和力的环节，使居民和社会团体乐于参加。

由于公众环境教育存在目标人群不特定、活动时间有限、对环境问题探讨的深度不够、容易产生实际影响不易评估等问题，因此需要长期坚持，通过反复影响，持续引起关注，多次加深印象，才能逐渐显现出作用。

案例3-3：台湾环境资讯协会2005～2007年阳明山植物种源保存计划

工作假期源于1920年，当时法国农场因第一次世界大战遭到严重破坏，法国、德国的青年组成了工作营队，帮忙重建农场。到了20世纪60年代，欧洲国家也以和平计划（peace project）名义成立各种工作营队，来投入重建工作；直到20世纪80年代，工作假期才开始运用在环境保护，并成为环境信托组织号召短期志愿者投入生态保护行动的主要形式。台湾环境资讯协会[1]是一个独立的民间环保团体，设立环境资讯中心与环境信托中心，投入环境资讯公开和保护森林，海洋与湿地的工作。

阳明山国家公园是一座精致多方位的国家公园，是台北地区的命脉，具有涵养水源、节制洪流、避免水土流失、过滤与吸收污染空气的作用，也是台北居民纾解身心的最佳场所。雍来废矿场位于阳明山冷水坑上方及七股山东南侧，从1971年至1993年出产瓷土、火黏土及含沸石质黏土矿物，后因市场因素

[1] 台湾环境资讯协会网站 http://e-info.org.tw；台湾环境资讯协会生态工作假期网站 http://www.ecowh.org.tw.

被废弃。当地的生态景观因此深受采矿活动的影响，依然留有平坦空地、水池洼地、废气矿道及旧有废矿坑凹地、芒草缓坡等。自1993年阳管处停止采矿与营业之後，于2000年时进行矿场复旧整建工程，期望能合理运用自然资源开发，保护已有的生态资源，融合独特的人文景观，重新规划设置为游客休憩与教育场所。

为达成生态教育园区种源保存及生态教育的目的，项目规划了以下工作手法：

资源调查与监测。栖地经营管理的成效与生物性变化的连锁反应无法在短时间内彰显，长时期间栖地资源观察与监测的变化纪录的基础资料，是解决现状问题重要的参考资料，据此才能提出有效的改善之道。具体内容有：

（1）植被监测，细分为清楚外来种与优势种、园区内植物普查、纪录植被覆盖度与各水池的挺水植物及池边植物的高度。

（2）水位观察与纪录。

（3）湿地水生植物观察与纪录，种源保存。

（4）栖地维护，包含垃圾等废物捡拾与移除，扶正倾颓植物。

进行设施管理与环境维护。调查统计木栈道及其他设施损毁情况，协助加强游客宣导与教育。

规划讲解与教育。训练生态讲解员，编制地图与观察资料，加强解说教育设施使用。

志愿者服务与培训。发展志愿者带领志愿者模式，发展进阶志愿者训练，志愿者资源连接，与学校、各机关与民间团体等单位合作，招募民众投入参与栖地经营管理，职工经验交流与传承。

志愿者参加活动自行承担费用，从而保证项目持续开展有充足的资金。在活动过程中自带餐具水壶，使用对环境无害的餐食，并做好垃圾分类和无害化处理。

社区投入与志愿者参与的交集，共同为这个环境打拼的感觉，在利嘉林道、南华社区、七股渔村；不仅唤起对传统文化及先人智慧的尊敬，向往自然生态和谐的生活，还重新诠释了本土原住民与外来志愿者对这个地区的感受，给彼此全新的视野，推动公众参与。

在与社会各界合作方面：

与政府合作。环境资讯协会可以向政府招标的项目中申请经费，为活动开展前的调研工作奠定坚实的基础。

与媒体合作。通过平面、电视、广播不同媒体宣传与报道，扩大民众对生态工作假期的了解与参与。在教育推广与媒体宣传方面，结合电子邮件群组和网站，对每一阶段的执行结果进行深度报道。

与阳明山国家公园合作。组织志愿生态讲解专家，带领公众参与生态修复工作。说明阳明山种源保存的工作计划，长期推动公众的参与。

与企业合作。多次与台湾拜耳股份有限公司合作，不仅可以获得生态保护所需要的经费，也帮助企业通过生态工作假期活动凝聚企业文化，拓展企业团队合作。

与其他民间环保组织民间环保组织的合作。通过与其他民间环保组织民间环保组织的合作，邀请日本、德国、美国等国的志愿者前来参加活动和交流，也通过这个活动邀请大陆环保民间环保组织还有媒体参与，展开两岸合作交流。

2005年至2007年间，台湾环境资讯协会持续举办超过20次单日生态工作假期，每次20人，吸引300多名志愿者共同参与。几乎所有参加过的志愿者都认为活动之后对阳明山的湿地生态有了更清楚的认识，并借此重新认识阳明山，使阳明山栖地经营管理的工作能延续，也使更多人能够在平日体验“工作假期”的乐趣，对阳明山产生更深厚的感情。目前此项目仍在有计划地持续开展和扩大。

案例分析

台湾环境资讯协会以多方合作的策略，倡导环境保护，并以创造性的方案，吸引和带动公众志愿者参与到当地生态修复，生物多样保护，政策建议等行动中，并推动了“公益信托”的立法。[1]

为了确实维护当地的环境，以及体现志愿者投入的价值，事前的调查、勘察、与本地的各利益相关方的沟通，是非常重要和必要的工作，因此，筹备工

---

[1] 公益信托就是慈善信托，指出于公共利益目的，为使一定范围内的社会公众受益而设立的信托。因为社会政治背景的不同，西方资本主义制度下以保护生态资源为目的的公益信托是建立在土地私有的前提下的，这与中国土地所有权归国家的国情有所不同。

作往往需要提前八到十个月。在这个过程中，动员各种资源，寻求共同目标，寻找合作伙伴的台湾模式，也推动了当地社区思考可持续发展与本地社区参与的价值所在。

民间的参与已开始介入栖息地经营管理的规划工作，并向可持续发展的角度推动公众参与自然资源及生物多样性的保护。对推动工作假期的环保民间环保组织或社区而言，生态工作假期是一个环境维护管理、凝聚社区意识，也为公众提供了一个保护环境的参与机会与实践空间的综合性活动。

只有亲身参与，才能真正体会在假期中投入工作，在工作中享受假期的乐趣。尤其是全心的投入与全程的自费。在中国国内，如何让公众自愿、自费参与志愿服务，且通过参与生态工作假期，唤起人们内心与自然的关系，从服务中学习，进而用行动保护环境，中国的环保民间环保组织可以在这个空间中拓展更多的公众支持度。

引领性活动

相关定义

引领性活动是通过大型活动引起公众对环境问题的重视，并通过活动推广某种理念，使公众可以从身边小事做起，为改善环境进行努力。引领性活动实际是一种意识教育活动，在有些时候，它被归入公众环境教育之中。但由于引领性活动通常有较大的社会影响力，这类活动的组织和运行方式有其自身特点，因此本书把它单独列为一种方法。

作用和意义

（1）传递概念，组织引领性活动首先要有需要多次传播的概念，如：低碳、无公害等，这些概念的含义并不是一目了然的，也不是很容易理解，需要通过反复传播和强调逐渐深入人心。

（2）普及知识，在概念传播的过程中，必定涉及很多相关知识，当公众对概念有了兴趣后，就会去学习相关的知识。

（3）提高公众的参与程度，引领性活动通常是大型活动，很多人都可以参与进来，并且通过参与习得一些简单易行的保护环境的方法。

工作要领

引领性活动要形成爆炸式的传播效果，形成社会热点，因此是有一定难度的工作，做好引领性活动要做好以下几点：

第一，要做好活动设计：

（1）活动要根据当时人们对环境问题的认识程度，设计与近期紧迫问题相关的活动，并使活动能够推动公众观念的改变和发展。

（2）活动设计要简单易行，如果活动需要参与者进行复杂的前期准备，投入大量时间、精力和金钱，就很难再大众中推广和传播。

（3）活动对外发布的信息要简单、容易理解，不能用复杂的表述概念和理念。

（4）活动设计要容易参与，并且有趣味性。地球一小时的活动就非常容易参与，而各个城市的地标性建筑关闭景观灯就非常有趣味性，很多公众会去观看，媒体也会纷纷报道。

（5）活动设计不能给其他人添麻烦，如不能造成交通拥堵、秩序混乱等。

（6）活动设计忌讳拉大旗做虎皮，应根据本机构的实际影响力选择一个可行的起点。

第二，实施引领性活动需要有媒体背景的专业人士参与，发起方需要有足够的媒体资源。了解媒体的需要、知道媒体感兴趣什么非常重要，不能为了环保而环保，要使环保符合各方的实际需求。

第三，活动结束后，要有持续影响的方案，利用活动的影响力，进一步扩大或深入宣传相关的环保理念。

案例3–4：“地球一小时”活动

2007年世界各国谈气候变化比较多。当时想到怎么让更多人关注气候变化这个主题？通过一个可视化的改变让大家产生警示，于是想到了在地标性建筑物关灯这个做法。关灯一小时的目的不在于一个小时节约多少电，重要的是要让大家认识到节能和低碳的重要性，并且能够很简单地参与进来。

2007年这个活动首先在悉尼先发起，到了2009年影响扩展到全世界，并且也进入了中国。到了2010年，世界自然基金会取得很好的宣传效果，注意创新，2009年仅仅是关灯，2010年有了低碳周，在关灯之前的一周每天推出一个活动，引导大家低碳生活。

世界自然基金会的项目官员蔡涛认为，这个活动起始的时候像个意识教育活动，让老百姓关注变化，一个小时暗下来了，引起老百姓注意，思考为什么暗下来？关灯只是起点。

活动开始前要进行大量的宣传，在广告创意、广告的设计、制作、发布各个方面世界自然基金会努力争取了大量的免费资源，在活动开始一个月，互联网、平面、户外广告基本都发布出来。

至于城市怎么参与这个活动的，情况也不一样，有的城市本身政府和世界自然基金会之间有合作渠道，也有些城市是看到宣传后主动找来的。世界自然基金会设计好活动后，对于参与者只是提供信息和参考，而活动本身是参与者自发的，“要不然这么大的活动一百个员工也不够！”蔡涛说。

2009年的地球一小时，保定成为第一个加入的中国内地城市。保定携手WWF首先是因为保定是WWF低碳城市项目的试点城市，条件比较成熟。保定在城市里开展政府、社区、学校的活动。街道关灯、政府大楼关灯、本地的标志性建筑物太阳能5星级酒店关灯等活动，并由本地的奥运冠军做倡议人。只要有第一个城市加入，后面的城市都会有了借鉴和参考，也就更容易带动更多的城市的参与。

“地球一小时”活动目前正产生着巨大的影响力。不过，蔡涛认为，任何一个活动都有生命周期，要有退出机制，如果大家都能在这一天，自发组织一些活动，我们就不需要做什么了。

案例分析

在这个活动中，选择地标建筑的关灯一小时的活动方法简单易行、有趣味性、有吸引力，能够向公众直观说明节能、低碳生活的理念。世界自然基金会在宣传和推广这个活动中调动了大量的媒体、广告资源，但是，他们的起步仍然不是全球的，而是从悉尼一地发起，逐步推广至全球的。随着活动深入，

"地球一小时"活动开始倡导更多的环境理念深化活动影响。

乡土环境教材

相关定义

乡土环境教材有两个大类，第一种是中小学环境教育辅助教材，这种教材是在大量研究调查基础上，由环境保护工作者和当地教师共同编写的。其特点是联系当地的环境以文字和图片再现当地环境的过去和现在的情况，真实地向青少年介绍周围环境变迁过程和原因，以及对当地人民生活和经济社会发展的影响。利用乡土环境教材对中小学生进行环境教育是一种生动有效的方式。

第二种是对社区公民进行环境教育的社区读物，这种读物同样要求环境工作者和当地学者共同编写，联系当地实际，介绍环境特点，以及变迁的过程、原因和影响。这种教材需要通过社区图书馆、读书会等形式向当地推广。

作用和意义

乡土环境教材的主要作用是使当地的青少年了解自己的家乡，了解周围环境变迁的过程、造成这种变迁的原因、当地文化与环境的关系、当地文化对原生环境的价值等等。对于当地社区居民的主要作用是重拾本土文化，重视本土文化的价值和其中的智慧，学习应对环境变迁的方法，了解和维护自己的环境权利。

工作要领

要做好乡土环境教材，需要做好以下几方面工作：（1）和当地建立良好的合作关系，如果是中小学使用的乡土教材要和当地教育部门建立良好的合作关系，使乡土教材得以在当地学校的校本课程中使用，如果是社区读物，需要和社区基层政府、村民组织建立密切的合作关系；（2）要有充足的资金支持；（3）组织牵头人应在文化理解力和表达力方面具备一定的素养，并且事先做好充分的文化调查；（4）确立编写思路和目标及适应的读者群；（5）找到合适的当地教师和学者共同参与编写；（6）做好出版、推广工作。

在这五个方面中，和当地建立良好的合作关系是基础，也是重中之重，在此过程中民间环保组织很可能遇到以下几个问题：（1）当地教育部门和基层政府不够积极，这需要通过真诚的工作来打动他们，同时要拿出有价值的工作成果，这时他们的热情就会提高；（2）基层单位反而重视学习外界，对自己的东西不够重视，以外来知识为新的、好的东西，这需要首先选择重视本地文化的部门和人来合作，通过和当地人共同努力推动工作；（3）基层单位可能获取外界信息较少，思想相对保守，这在处理教材的技术性工作时会有问题，比如教材的体例、风格、设计等方面很老套，这需要耐心沟通，也同样需要用成果打动。

相对来说，做乡土教材对牵头人的要求比较高，需要文化理解力和表达能力，最好有一定的出版经验，能够把握不同作者的文章价值取向和行文风格，并且有能力做好前述的（4）（5）（6）中的工作。

案例3-5：天下溪教育咨询中心“羌族乡土教材项目”

天下溪在乡土教材领域一直比较成功，2010年5月发布了最新的乡土教材《沃布基的故事》。这是一本面向小学高年级学生的羌族乡土教材，它的项目负责人是天下溪副总干事资深出版人王小平。这本教材发布后，在四川羌区获得好评，并且在学校中推广使用，同时第二期羌族乡土教材也得到了当地的支持和外界资助，正在运作当中。

2009年6月，王小平到汶川地震灾区考察，并且想为灾区的孩子们做一点事情。她发现地震灾区中有一大部分是羌区，地震对灾区的环境影响非常大，而灾后重建又对当地文化提出挑战，而羌族的文化和当地的山区环境是密切结合在一起的，并且虽然受到现代文明的巨大冲击，但很多乡土知识仍然是人们仍然在使用的。那么怎么样引导当地的孩子热爱家乡，发现家乡，理解家乡的乡土知识以及这些知识背后的智慧，成了她考虑的重点。作为资深出版人和天下溪乡土教材项目的负责人，王小平选择了做乡土教材这种方式帮助灾区重建。

做乡土教材一个基本的条件就是要和当地教育部门合作，如果没有这种合作关系，乡土教材就会变成无本之木，即使做好也会被束之高阁无法发挥作用，所以王小平首先找到了阿坝州和茂县教育局的有关负责人，并且很快得到他们的支持，建立了合作关系，并由双方人员共同组成了编写领导小组。这个领导小组在后来的乡土教材发布推广阶段发挥了重要的作用。

另一个基本条件就是要有经费。当时，国内有很多善款流向地震灾区，但大多用于救灾，文化重建相对来说受重视不够，经过努力，羌族乡土教材第一期得到国际著名的软件公司赛门铁克的资助。

有了赛门铁克的资助和当地教育部门的配合，教材正式进入编写阶段。按照王小平的构思，这本教材不应该是一本简单的，对羌族乡土知识的罗列，它应该是一部有灵魂的教材，引导孩子热爱家乡，发现家乡，理解乡土知识背后的智慧。这一点是非常重要的，现在有很多乡土教材停留在罗列知识点上，而王小平认为承传乡土知识的目的不在于让孩子记住一个一个的知识点，而是让孩子理解这些乡土知识为什么会产生？怎么产生的？它和自己的民族特殊的生活环境有什么样的关系？由此发现这其中民族智慧闪烁的光芒。王老师把这本教材大致分成四个部分：第一、羌区的环境，以及环境和羌族人的关系；第二、羌族的家庭关系和社会关系；第三、羌族的民族节日；第四、羌族的文化遗产。每一个部分几篇小故事分别形成课文和阅读课，每篇故事都跟随沃布基的观察、发问、求解展开，展现的过程不是罗列知识，也不追求故事情节曲折，而是要通过故事反映出人与人、人与自然、自然与文化的关系。教材给小学高年级使用，要符合孩子的阅读习惯。

定了方向，王小平找到在茂县工作的杨成立、王术德、何王全、陈维康等人，开始讨论羌族乡土教材的大纲。在这些人中，杨成立是茂县原文化局局长，现在的档案局局长，王术德是茂县县志办的主任，何王全是茂县歌舞团的团长，陈维康是一线的羌族教师。后来羌族教师坤吉定、何江也加入进来。

大纲虽然订立了，写作的过程却并不轻松，每位参与编写的老师都有自己的写作习惯，第一次征集上来的稿件五花八门。这时年轻的羌族教师坤吉定的文章引起大家的注意，清新质朴的风格、儿童的视角、设置情景揭示道理的叙事方式，使他很快担任起统稿的重任。他写的课文《我和阿达去耕地》也成为会稿过程中改动最小的一篇课文。在修改这篇文章时，文中写了阿达“大声吆喝了一下，牛仰鼻‘哞’地一声，四脚有力地迈动起来”，立刻有人提出这是不够的，羌族人耕地是唱歌的！这时何王全当场站起来唱起了耕地歌，参加会的其他老师随着就和起来。

在讨论《转山会》一课时，老师们陷入到对各个寨子不同的转山会流程的讨论中，每个寨子流程都有区别，如果一一列举不仅篇幅很长，而且十分枯燥。王老师于是提醒大家，我们讲转山会不是要把转山会的流程给大家讲清楚，而是要让孩子们理解转山会的精神，于是最后课文借用一位张老师之口，把这种精神简单、明确的概括出来"敬畏自然，崇尚万物有灵……转山会转得就是人与自然和谐相处。"

在编写过程中，所有参与编写的老师都对它充满了感情。在羌区，人们的生活节奏松弛，每天午休时间都很长，从中午12点一直休息到下午3点。但是每一次会稿会所有的作者都汇聚一堂，从早晨8点一直讨论到晚上6点，老师们兴致勃勃，根本不提休息的事情。制作这本教材是为了引导孩子们热爱故乡山水和民族文化，而制作他的动力却是老师们对自己家乡和民族的发自内心的热爱。

出版也是乡土教材编写工作里重要的一环，如果教材使用的范围较大，不是限于一两所学校，那么就需要正式出版。为这本教材提供照片的是四川美术出版社的摄影家陈锦，他看到这本书的书稿后非常激动，立刻无偿地提供了他的照片，而且联系四川美术出版社将这本教材作为社里的本版书出版。

为了让孩子更好的继承羌族文化，教材又加了羌语教学部分，并且设计了具有天下溪特点的课后游戏。课后游戏也是乡土教材的重要组成部分，王小平希望孩子们学习乡土教材不要再像学习规定课程一样靠考试记住知识点，而是通过有趣的游戏让孩子们接受教材中传递的知识和思维方法。

2010年5月22日，四川省阿坝州茂县的九顶山国际大酒店里，很多三、四十岁的教育工作者热闹非凡。他们正在一起实践一本新的乡土教材中的课后游戏。虽然老师们都是成年人，但是大家很快被带入到游戏的情境中，都玩得非常开心，非常投入。

现在阿坝州教育局已要求学校把教材编入课程，使教材得到推广使用。

案例分析

在制作这本乡土教材过程中，王小平首先争取了当地教育部门的支持和必要的资金，她本人是一位资深编辑，对教材有较强的把握能力，在教材编写之初就确立了指导思想和纲要，与当地老师合作编写，最终定稿，由四川美术出版社正式出版并由当地教育局推广使用。

经过上述各方面努力，乡土教材没有被束之高阁，而是深入到了学生们中间，最终获得成功。

小贴士

一

和教育部门合作要有足够的耐心，并且善于沟通和表达自己的意见。已成定式的高考体系下的思想、教学方法在教育部门影响相当深刻。在制作《沃布基的故事》时，当地教育局的有关人员曾经反对加课后游戏，认为毫无用处，王小平多次和教育局沟通，坚持加上了这方面内容，但是教育局方面仍然不能理解。直到发布会上，在天下溪工作人员的带领下，教育局的有关领导和当地老师一起玩了课后游戏，才使他们一下子转变了看法，认为这就是教育改革，并且要培训老师，大力推广。

二

人们和乡土的关系是一种情感关系，编写教材需要所有的参与者倾心倾力，把充沛的情感投入其中。《羊角花的故事》是羌族的一个民间故事。讲的是羌族的男女投胎时，每人都要拿上一根羊角和一束杜鹃，拿到同一对羊角的男女不管到人间相隔多远，都可以结为夫妻。这个故事蕴含着从对偶婚到一夫一妻制，也有关于婚姻的神灵崇拜。设计这篇文章的版面时，负责设计的曹映红细心地发现，在陈锦众多的照片中有一张照片里有一小段地震后的残墙，恰恰画着羊角花的故事。她将这张照片贴在课文上。

建立网络信息平台

作用和意义

网络信息平台是联络志愿者，向公众发布活动信息、环境保护理念的重要手段，也是各地志愿者、民间环保组织之间及时交换信息的重要手段。畅通的信息交流对民间环保组织的工作至关重要。

工作要领

网络信息平台搭建有很多种，常用的有以下几种：（1）建立机构的官方网站；（2）建立论坛；（3）在门户网站下开设专题网页、博客、微博等；（4）建立邮件组。

建立官方网站需要申请域名、租用服务空间、搭建维护网站用的软件平台并负责维护和更新内容。域名申请程序和服务空间租用方法网上都可以直接查到，搭建维护平台需要专门的技术人员参与，可以是志愿者。

建立论坛，也同样需要租用空间、搭建软件平台、同时要注册备案。

在门户网站（新浪、搜狐、腾讯等）开设专题网页需要和网站方面建立合作关系，相对来讲开设博客和微博简单、方便得多一般门户网站都面向公众提供这方面的开放的服务，按页面提示开通即可，不需要租用空间、申请域名、特别的技术维护，可以随时发布信息。

建立邮件组很重要也很简单，现在大部分人都有邮件，把有关联的人的邮件地址收集在一起就可以建立邮件组，邮件组对于向联络相对紧密的小集体有很重要的意义，也是一种非常有效的把信息推送到相关群体的方法。

建立网络信息平台后，通常需要发布的信息包括以下几方面：本机构情况、关注的焦点问题、项目进展状况、项目成果、本机构的活动通知和活动总结。关系着民间环保组织工作人员的素质和工作状态，需要有对环境倡导的地区和当地居民的关怀，对事件持续关注，对公众疑问和需求随时回应，才能保证网络信息平台活跃而有效。

小贴士

建立网络信息平台的过程并不复杂，具体操作方法可以咨询身边熟悉网络的朋友，同时勇于尝试，不断发现新方法，充分利用信息高速公路提供的方便条件。

信息时代，“玩转网络”是为各种信息的采集和传播插上翅膀，建议民间环保组织既要建立自己的网络信息平台，也要加入别人的网络信息平台，随时了解自己关注领域相关的各种信息。

采写纪实、摄影、拍摄纪录片

作用和意义

“事实胜于雄辩”，纪录和传播事实是重要的环境倡导方法。好的纪实报道、摄影作品、纪录片可以从影响人的心灵深处，转变公众对环境的认识，提高环境意识。即使是一般的作品也有揭示环境问题、说明环境价值、提示保护环境的重要的作用。

工作要领

采写纪实、摄影、拍摄纪录片都是比较专业的工作，需要一定的专业技能，在此就不赘述了。这里主要讲一下环境倡导中制作纪实作品应注意的问题：

（1）保证作品的真实性。不要为了达到吸引眼球的效果做任何夸张和虚构。

（2）深入实地，长期考察、充分调研，在深入了解环境事件发生地区的深层问题的基础上制作作品。

（3）要具有追问真相的技能和追求。现在信息发达，村村通广播电视，老百姓的思想可能被外界严重影响，分辨老百姓讲出的情况是亲身经历还是媒体上听到的非常重要，要有追问精神，并且注重实例。有时候通过实例就会发现媒体宣传的问题。

（4）采访、拍摄过程中尽量减少对当地的干扰。纪实报道、摄影和纪录片都有还原真相的功能，老百姓会受到媒体宣传的影响，也会受到采访者的影响，因此采访、拍摄过程中要尽量降低自己的影响，这和公众环境教育的工作是不同的。而针对野生动植物的跟踪拍摄，更要以不惊扰、不损坏为基本原则。

（5）对于环境事件，要反应各方的声音，包括环境破坏方的声音，然后通过对事实的捕捉和分析发现出其中的问题。这些发现有可能推翻对方的观点，也有可能补充自己原有的观点，改变观察的角度。

（6）对依存环境生存的人群和其他生物保持关怀，对不同的价值观和信仰保持开放的心态。

由于采写纪实、摄影、拍摄纪录片有比较专业的运作方法，运作要符合各自的行业规律，这里只具几个例子，不对案例做详细解读，仅起提示作用。

2003年，郝冰、陈继群和一些关注内蒙古草原污染、退化的志愿者发起“曾经草原”影展，并邀请研究草原的学者前来分享他们对于草原变迁的认识和研究。该图片展较早地提出“保护草原应该尊重和保护传统游牧文化”这一理念，由此引发了多学科学者对于草原问题的交流和讨论，引发学界和相关民间环保组织对草原文化的认识以及对主流文化的反思，也引起了公众对草原问题的持续关注。

2004年，汪永晨出版图书《绿镜头》，讲述她多年以来考察的高原、山地、沙地、湿地、森林和草原间发生的故事，成为很好的环境教育普及读本。而她在2010年出版的《追寻“野人”的足迹》则是个中国的环保人立传的著作，讲述了优秀的环保人的历程和他们所亲历的环境变迁。

2010年，由北京“零频道”主办的IDOCS国际纪录片论坛上展映了大量的国际获奖纪录片，其中以绿色、生命为主题的“环境类纪录片专场”留给大家深刻的印象。其中的影片《燃烧的季节》讲述环保人士为制止印度尼西亚烧荒开垦原始雨林所做的各种努力，并通过纪录片深入浅出地讲述，使观众理解了十分复杂的“碳交易”这个概念。

举办文化活动

相关定义

举办文化活动指通过举办主题摄影展、画展、雕塑展、音乐会、歌舞晚会、话剧、纪录片展映、电影展映等方式进行环境保护宣传。

作用和意义

文化活动比单纯的环保讲座对公众更具有吸引力和感染力，可以在普通公众中起到很好的普及作用，也可以在关注环保的人群中起到很好的加强作用。另外大型文化活动也是一次重要的交流和聚会，可以使有共同关注焦点的人欢聚一堂，交流、交换信息。

工作要领

（1）有支持环境保护主题的文化作品，作品应当与环境保护的主题相关，能够反映环境问题。

（2）与文艺界人士积极合作。和文化、艺术名人接触要克服心理障碍，平等交往，文艺界人士当中不乏关注环境问题的人，要积极和他们取得联系，达成共识，充分沟通，展开合作。共识是非常重要的，是促成合作的基础，有共识的文化名人会积极地参与到活动的准备中来，克服种种困难，提供作品，并且能为活动的组织者提出非常好的建议和其他资源。

（3）要有一定的举办文化活动的经验和策划、组织能力。不同的文化活动需要不同的经验。但不管什么活动，组织观众都是非常重要的事情，直接关系到活动的影响力。根据场地容量，利用各种社会关系和传播手段：网络、短信、海报、媒体宣传等，将活动通知发到有可能关注这一活动的人群。

（4）要有活动经费。大部分宣传环保的文化活动是不收费的，当然有些也可以适当收费或进行现场募捐，但是不管怎样都要有启动经费，用于租场地、租设备、制作宣传资料，给参与组织工作的专业人士支付报酬等等。

案例3-6：天下溪教育咨询中心“人与草原”音乐会项目

2009年3月29日，天下溪在北京组织了“人与草原”音乐会。这个音乐会从2008年年底开始筹办，历时4个多月，筹办过程中也走了不少弯路，但是演出效果非常好。

筹办开始天下溪“人与草原”团队首先商议晚会的基本形式和表现主题，经过讨论确定了“美丽的天堂”、“远去的神话”、“守望明天”三个部分，以表达提请公众关注草原近年来遭遇的种种问题，并提示观众过去草原的美好，最后表达共同守望草原未来的愿望，并按照这一主线了准备演出解说词。

订立了节目主线后，就要选择合适的节目来表达这一主题。通过多年在草原的工作，草原团队认识到蒙古民族的本地文化——游牧文化是最适合草原的人类文化，同时游牧文化的破坏是造成草原问题的根源，蒙古族很多传统文艺作品就包含热爱家乡，保护环境的基本理念，因此让观众欣赏到游牧文化孕育的原生态的文艺节目就是音乐会重要的节目形式。此外近年蒙古族的年轻艺术家们创作的呼吁人们保护环境热爱家乡的文艺作品也成为备选节目。

“人与草原”团队这是并没有和艺人打交道的经验，最初“人与草原”团队找到在北京工作的蒙古族音乐人图图，说明来意后就得到他的积极支持，并提供了很多热爱草原的蒙古族艺人的联系方式，还亲自打电话介绍，在他的介绍下，黑骏马组合加入到演出中，并成为现场的“台柱”。后来“人与草原”团队又在“草原恋”合唱团的音乐会的后台找到蒙古族歌手莫尔根，莫尔根也立刻表示愿意参加演出，并且愿意为保护草原的宣传活动提供自己家乡的素材。“草原恋”合唱团也表示支持这次演出。另有一些在京的蒙古族艺术家知道消息后也主动要求参加演出。在蒙古族艺术家布仁巴雅尔和乌日娜夫妇的帮助下，联系到了“五彩呼伦贝尔”的辅导老师，“人与草原”团队的周维和吕妍专程跑到呼伦贝尔，请到了五彩中呼伦贝尔小朋友组成的“可爱组合”，之后团队成员巴图在出差兴安盟的过程中遇到当地的好来宝艺术家，在呼市的志愿者乌云达赉通过一个选拔活动发现了唱“呼麦”的祖鲁组合……

到三月初，面对众多的节目和文字，怎样组织一台节目仍然是个问题。于是“人与草原”团队用福特基金会支持的专项资金和一个演出公司合作，由演出公司承担音响、灯光、舞台等方面工作。非常幸运的是，他们通过演出公司“人与草原”团队结识了了解草原文化的蒙古族导演巴雅尔，经过导演的编排节目基本成型，并将其中的“远去的神话”作为环保宣传主打的段落。

远去的神话又分为五个小节，分别讲述草原污染、分草场及荒漠化、撤乡并校、移民禁牧、城市化工业化对草原环境的影响。解说词由简短的小故事构成，由志愿者段战江制作短片，团队成员巴图录制解说词，通过放映短片和节目相交替的形式传达草原环境问题。

演出开始前的一到两周时间，巴图通过在北京的蒙古族朋友、在京民间环保组织伙伴发送门票，招募志愿者组织现场观众并进行安全保卫工作。

3月29日晚，演出正式开始。在一个半小时的时间内，将近100名演员奉献了14个节目，黑骏马组合、那日森、莫尔根、娜木汗、娜仁其木格、八骏马乐队等在京蒙古族艺术家，以及由草原知青组成的“草原恋”合唱团，锡林郭勒盟正蓝旗的牧民艺术家，呼伦贝尔儿童的可爱组合，呼和浩特年轻人的祖鲁组合登台演出。节目由蒙古长调、马头琴曲、好来宝这些传统音乐，和年轻人喜闻乐见的蒙古族流行音乐相结合而成。演职人员与现场1 700名左右的观众一起分享了草原的美丽与哀愁，演出结束时观众久久不能散去，并在以后很长一段时间里，成为在京工作的蒙古族同胞的谈论话题。

案例分析

通过文化活动宣传环境保护是一个非常行之有效的扩大影响、传播理念的方法。做好这个工作要把环境保护宣传和文化活动两个方面的事情都办好，如果只追求环保宣传，文化艺术作品质量没有保证，就不能感动观众，不能引起观众共鸣，取得宣传效果；如果精力被办文化活动完全带跑，忽视了环保宣传就会舍本逐末，白忙一场。因此在整个组织过程中要注意两方面紧密结合，有机互动，才能取得良好的效果。

第三节　考察研讨

考察研讨可以是一个独立的环境倡导方法，同时也是众多环境倡导工作的基础工作，扎实的调研成果不仅可以为今后的行动提供事实依据，也会指出解决问题的关键因素，帮助环境工作者找到突破口，将力量用在关键环节上。考查研讨活动本身还可以吸引周边的学者、学生、志愿者加入到环保队伍中来，使整体环境保护工作有更好的信誉度和更坚实的群众基础。

实地调查

作用和意义

实地调查在环境倡导中非常重要，如果一个民间环保组织对面临的环境问题的基本事实缺乏了解，环境保护倡导就是无米之炊。进行实地调查，可以使环境倡导有理有据，无论对政府还是对公众都可以产生有价值的影响。另外在调查工作进行过程中，对当地居民和参与的志愿者都有很好的教育作用，对民间环保组织的能力建设和认识提升也有重要价值。

工作要领

（1）公众参与是实地调查的重要环节，包括招募志愿者参与调查工作、与当地居民密切合作两个方面。

（2）实地调查要有明确的调查目标和科学的调查方法。

（3）要和其他倡导方法一起使用，包括：通过媒体、两会提案发布调查结果，与政府对话促使调查成果影响政策等。

案例3–7：绿色昆明（昆明环保科普协会）滇池地下河调查及保护项目

项目缘起

2006年8月，绿色昆明接到滇池边白草村一位农民朋友报告，说西山风景区有公司要盖大型洗车场并私自截断附近地下河作为洗车水源。

当月绿色昆明组织志愿者9名、村民向导1名前去调查。在玉米地的深处找到了被叫做大龙潭的地下暗河，水质清澈，还有据说是国家二级保护动物的金线鲃。

据村民说，有人以西山区交通局的名义实为个人购买上百亩土地，计划截断地下水修建一个度假山庄和大型洗车场。公司正在开挖的一个山包本地人称为凤凰蛋，是整个凤凰山景观的一个部分，原来是四户村民的果树林；现场已经被夷为一片平坦的红土地，远处则是郁郁葱葱的山林，形成了强烈的对比。

图3–3　走了很久，终于找到树林掩盖下的大龙潭地下河

果农被村里强行收回了还在20年承包期内的果园，被铲除树苗1万棵，损失大概7万元，至今未拿到一分青苗补偿费和毁约费。

2006年11月，志愿者电话问讯西山区环保局有关环保手续的问题，得到的答复是：若办洗车场需办理相应的环境评价和环保审批手续，他们来申请时我们会按照法规要求办事。但项目组的疑问是：若工程已经建好，再拆除的可能性有多少？盖了又拆是否也是一种浪费？

2007年1月，志愿者再次调查。八月份志愿者调查时山包被挖了一半，因有村民反对，使得施工暂停一段时间，现又在平整土地。

又听村民说，香港一家公司在昆明注册成立的维港湾旅游开发公司（新增争水者）拟向白草村和旁边的观音山村购买2000亩土地和大龙潭，用以开发大型休闲旅游区，每亩地4万元。但该公司和村干部签订的土地购买合同中土地面积两村合计只有800亩。据白草村的村民介绍该村实际卖出土地900亩，合同上注明的面积为400亩，本该每亩地拿到4万元的村民实际获得的收入是第一次6 000元，第二次6 000元、第三次5 200元、第四次1 000元（预计第四次还没有发），共计1.82万元。一半多的收入不见了，村委会怎么会成交？

2007年2月，绿色昆明通过《春城晚报》找到人大代表盘龙区固体废物处理处置中心的高工孔庆华。她就此事写了提案《关于加强滇池地下河管理和保护的建议》，并且找了不少业内专家在提案上签名，上报云南省第十届人大五次会议。

2007年初，项目组问讯滇池管理局地下水管理问题,得到的回答是：目前地下水管理权没有明确，除了打井需要向水利部门申请外，基本无职能部门进行日常管理，至于有多少条河？目前的状况如何?均不知道。查询其他相关资料也无法解答，于是大家讨论和草拟了进一步详细调查的项目计划书并向GGF提出了申请。

展开调查

2007年6月至08年3月，编写工作计划书并成立项目组，项目组成立后，绿色昆明走访了专家，学习了水资源调查方法，购置仪器，培训志愿者，然后分几个小队在西山找寻西山响水闸、白鱼口金线泉、白草村大龙潭以及更多不知名的地下河，并逐一调查进行。通过调查，志愿者们发现了一些比较严重的问题：

图3-4　用泉水洗衣的大妈

图3-5　向龙潭旁洗菜的村民做访谈

图3-6 测量水深

响水闸泉出口变成一堆水管，水被公司占用；大青山小龙潭附近采石场阻断了地下水，出水变少；洪水潭，天然湖在萎缩；竹箐龙潭基本看不到出水了；西华水库受养猪厂污染严重；福善村新坝塘，听说要填平盖房子；九龙潭水生植被和水生生态都非常好，可作科研，但泉眼变少；西华龙潭一口天然水井埋在路下；小石墙龙潭干涸，周边水田变旱地；小观音龙潭高海公路开始修建时干涸；月牙池在一座庙里，保存较好；李人大村龙潭为周边村子提供饮用水；蒋凹村三龙潭三潭成阶梯状排列，让人联想到丽江古镇的一个景点，为当地居民提供生活用水；大黑荞水库源头变鱼塘，看不见出水；奶嘴箐水库完全干涸；小黑荞水库清澈碧蓝似九寨，但一源头被私人占用；秧田箐水库一个源头干了，一个变小了；珍珠泉，疗养院内应该管理较好，但也在被抽取使用；金线洞水量大、水质好，可周边土地被卖；小龙门村龙潭水从一个小水管引出，已经不像龙潭了；宰头山龙潭更像个水坑，但周边土地湿润肥沃；观音山龙潭水质很清澈，但部分生活污水往里流；百草村中龙潭当地寺庙保护，村民不爱惜；百草村大龙潭是最让人担心的龙潭，多家企业争抢，村里土地贱卖，目前处于停工状态。

志愿者调查过程中还发现其他较为严重的环境问题：白鱼村新建的村公路，修路时村委会砍了排洪沟前面一排有两三百年树龄的古树，均是清香木、黄连木、厚朴等保护树种。村民上访未果。杨林港人工湿地名为湿地，实为人工“干”地，造成设施浪费和土地荒废。村委会私自贱卖下属土地，村民日后如何生存？违规水泥厂建在村中，村民肺癌多。

项目成果

2007年10月,收到省环保局关于人大提案回复的云环议发[2007]39号文件，重点内容是：“在今后滇池的治理和保护工作中，在加大地表水污染治理的同时，建议水利、国土资源等有关职能部门，应加强入滇地下暗河的治理和保护”。

项目组和志愿者们的疑问是：省环保局向平级单位建议会被接受吗？他们的建议写在提案回复里面了，但真有建议吗？最重要的是，滇池地下河一直没有明确的职能部门负责日常管理，水利、国土资源部门接到建议后是否也会认为这不是自己的工作呢？所以，恐怕市政府回复并且统筹安排才会有结果。

2008年4至6月项目组进行资料的整理，总结并对参与者举行答谢会。

后续工作

2008年7月1日，昆明人大常委会第十八次会议就将对《关于加强地下水资源禁采管理的决议（草案）》进行表决。在此基础上，昆明市正在开展立法调研和草案制定工作，将出台《昆明地下水资源管理条例》。

2008年7月2至20日将资料和情况编写成《关于滇池地下河管理存在真空的市民信》上呈给昆明市的市委书记仇和。

2008年8月，市委书记仇和对市民信作出批示：“要最大限度恢复地下水系，不漏一条河。”他还要求，昆明市水利局在一个月内查清昆明所有地下水系的情况，并将这项工作列入督办事项。

图3–7　参加听证会

2008年9月25日，春城晚报协助绿色昆明和公众监督水利局执行市委书记批示的情况，采写报道《民间调查发现昆明地下水监管真空——志愿者致信仇和呼吁保护地下水》。2008年9月26日，云南电视六台民生关注栏目以“群众代表上书市委领导解决环境问题事件的思考”为主题采访了活动负责人。2008年11月，云南信息报民生栏目再开地下水报道专题《实地调查带来的忧虑——地下水之脉被阻断》、《36名环保志愿者致信仇和加强监管地下水》。

2009年3月，市水利局组织专家编写昆明市地下水管理规划；市人大从2008年下半年开始立法调研工作，预计地下水管理法规将于2009年6月出台，其中增加了对地下河流出地表的泉水、龙潭管理等内容。

2009年5月，参与市法制办和市水利局共同主持召开的“滇池地下水保护条例草案听证会”。绿色昆明有四位听证代表，占总代表人数的四分之一，旁听代表10人中也有2位是协会的志愿者,并在会上提出了很多积极建议。

2009年10月，《滇池流域地下水保护条例》颁布，市水利局开始组织该法规的宣传活动。

2010年3月22日，联合昆明市水利局组织2010年“世界水日”暨“中国水周”市民“爱水、节水、护水”水情体验及宣传活动。

图3-8　2010年3月22日宣传活动

案例分析

从这个案例中，我们可以了解到：

（1）公众参与是实地调查的重要环节。招募志愿者参与工作可以减少投入，扩大成果，扩大社会影响，而与当地居民合作可以了解更多信息，当地居民对本地的各种问题本来就十分清楚，只是没有做过总结和发布，依靠他们可以少走很多弯路，并且可以通过调查活动本身，把志愿者、当地居民和民间环保组织联系起来，为今后形成良好的信息反馈机制打下基础。

（2）实地调查要有明确的调查目标和科学的调查方法。在本案例中，绿色昆明专门邀请专家提供专业仪器，对志愿者进行培训，以此保证调查的科学性。同时他们还在调查前编制工作手册清晰地指出调查目的、调查内容、调查项目、操作方法、纪录内容、重要参数，并且向志愿者提供专业设备要有使用说明书，同时，还要对志愿者做一些访谈技巧的培训。

（3）调查的后续工作必须重视，调查结果要通过各种渠道对外发布，影响公众的观念，影响政策。绿色昆明这次调查之后一直没有放弃后续工作，持续产生影响，从另一方，这次调查也是为后续工作开辟了道路。

小贴士

一

实地调查是一个比较艰苦、扎实、繁琐的工作，但是对于环境保护的推动作用巨大，一方面可以为民间环保组织的环保倡导工作提供实据，另一方面调查活动本身可以影响志愿者和本地居民提高环保意识，同时了解第一线的实际情况对民间环保组织自身建设有重要推动作用。

二

调查不能是一次性的，对同一地区要多次调查数据才有说服力，水的调查，要注意枯水丰水的变化，大气污染的调查要有有风和静风天气的不同，野生动物调查要考虑摄食、繁育、迁徙等生活习性等等。要找出不同次调查之间数据变化的原因。

法律点评

（1）根据《宪法》规定，公民享有管理国家经济、文化、社会事务的权利。《宪法》第2条："中华人民共和国的一切权力属于人民。人民行使国家权力的机关是全国人民代表大会和地方各级人民代表大会。人民依照法律规定，通过各种途径和形式，管理国家事务，管理经济和文化事业，管理社会事务。"《宪法》第41条："中华人民共和国公民对于任何国家机关和国家工作人员，有提出批评和建议的权利；对于任何国家机关和国家工作人员的违法失职行为，有向有关国家机关提出申诉、控告或者检举的权利，但是不得捏造或者歪曲事实进行诬告陷害。对于公民的申诉、控告或者检举，有关国家机关必须查清事实，负责处理。任何人不得压制和打击报复。由于国家机关和国家工作人员侵犯公民权利而受到损失的人，有依照法律规定取得赔偿的权利。"

（2）水资源由《水法》规定。水资源，包括地表水和地下水。水资源属于国家所有。水资源的所有权由国务院代表国家行使。农村集体经济组织的水塘和由农村集体经济组织修建管理的水库中的水，归各该农村集体经济组织使用。国家对水资源实行流域管理与行政区域管理相结合的管理体制。国务院水行政主管部门负责全国水资源的统一管理和监督工作。国务院水行政主管部门在国家确定的重要江河、湖泊设立的流域管理机构(以下简称流域管理机构)，在所管辖的范围内行使法律、行政法规规定的和国务院水行政主管部门授予的水资源管理和监督职责。县级以上地方人民政府水行政主管部门按照规定的权限，负责本行政区域内水资源的统一管理和监督工作。

研 究

作用和意义

（1）指示环境问题形成的深层原因，使今后环境保护工作对症下药。

（2）找到有效解决环境问题的关键环节、突破口、找对责任人，为今后的工作指明方向。

工作要领

（1）要有真诚的工作态度。如果态度有问题，研究成果本身就会存在问题，从而对相关各个环节产生负面影响。

（2）环境研究应该放在大的生态和社会系统中进行，避免把实验室里简单的实验模型套用到复杂的生态和文化系统中。

（3）研究者本人应具有跨学科的综合素质，或者与不同领域的研究机构广泛合作，不能以单一的视角审视环境问题。

案例3-8：绿色和平电子垃圾处理对贵屿当地环境和居民健康的影响

项目缘起

绿色和平早在20世纪90年代，开始关注有毒废物的“自由贸易”问题，并了解到中国贵屿、浙江台州等地，由于拆解电子垃圾而造成了严重的环境污染。于是在2003年初，绿色和平开始了电子垃圾的项目工作，致力于寻找建设性的解决方案，削减电子废物的跨境传播和污染。绿色和平在中国开展了系列的深入调研工作，研究和分析电子垃圾在中国的实际情况及其所带来的影响。

贵屿，中国南方的一个农村小镇。早在20世纪80年代，该镇开始进口国外电子垃圾进行回收拆解。为了追求短期效益，该镇采用露天焚烧、强酸浸泡等落后方式处理这些电子垃圾，并随意排放废气、废液、废渣，造成了严重的环境污染，更危害了当地居民健康。

研究工作

绿色和平多次深入贵屿开展人类学研究，以了解整个产业对当地人们的影响，报告显示：只有容忍和鼓励贵屿的拆解行业在当地的完善和升级，才能帮助贵屿建立起真正环保有效的拆解行业体系。

与此同时，绿色和平还针对贵屿不同地区的不同拆解特点，取河水和泥土等环境样本进行分析，并发布了贵屿环境报告，报告显示：环境样本中发现铅、汞及镉等10多种有毒重金属，其含量都远高于规定含量。所有当地尘埃样本的含铅量都高于普通样本几百倍。此外，有样本更含有有毒的有机污染物“多溴联苯（PBDE）”多达43种同族。由于电子产品中存在如重金属和有机污染物等有毒成分，电子废物处理中的所有环节都存在将大量有毒物质释放到拆解工场环境及周边土壤和水道的风险。

为了进一步了解电子垃圾拆解对健康所带来的影响，绿色和平又资助汕头大学医学院在贵屿开展健康检查的工作。调查结果显示：贵屿镇电子废物拆解业对人体健康有一定的影响，烧烘电路板和清洗塑料等电子废物的处理过程会直接造成皮肤明显的损害；大部分刚开始从事烧烘电路板的民工会出现不同程度的头痛、头晕、恶心等不适。之后，2005年汕头大学医学院又在贵屿独立完成了一项血铅的研究。研究结果显示：81.8%贵屿儿童铅中毒，中度铅中毒者达到24.4%，明显高于没有遭到电子废物污染的邻镇儿童。研究表明，长此以往，这些中毒的儿童可能会患贫血等疾病，他们的智力和行为发育也可能受到影响。此外，有机化合物如多溴联苯也很危险，它们不易分解，可通过食物链进入并很容易累积在动物身体中，更可能影响动物脑部的正常发育。

研究成果

一系列的研究都表明，电子垃圾拆解对贵屿已经造成了严重的环境污染和健康影响。2003～2004 年，绿色和平的项目重点在于揭露问题及减少电子垃圾贸易。然而，绿色和平发现，电子废物的出口贸易将一直持续到电子产品公司生产出易于回收的清洁、安全、耐用的产品。这是因为电子产品中包含有大量的有毒物质，以至于在变成废物之后，它们很难安全的进行处理。这也是为什么它们通常都被出口，而且是非法的——将有毒废物问题转移给其他国家，特别是那些劳动力廉价、环境和健康安全标准更低的贫穷的发展中国家。

行　动

在这些研究工作的基础上，绿色和平于2005年开始了新一轮的全球性项目，制定了项目的中期目标：电子产品无毒化和生产者延伸责任制；长期目标：清洁生产。绿色和平认为，只有改变并停止电子行业使用有毒物质，才能真正解决电子垃圾的问题。为此他们抗议世界著名的电子产品生产商惠普公司，迫使他们做出改变，又对全球14 家最大的电脑和手机生产品牌企业进行环保表现排名，向他们施加压力。经过一系列努力，众多企业在2005～2007年承诺在生产环节逐步去除有毒有害物质，在2008～2010年所有电脑和手机生产企业承诺去除有害物质。

案例分析

（1）由于研究工作很难被复制，人们一旦信服研究的成果，就将影响人们对环境问题的认识和今后将要采取的行动，因此环境研究需要科学、客观的态度，以解决实际问题为目的，而不是以拿经费做项目的心态进行。绿色和平选择贵屿进行研究就是因为看到了贵屿的实际问题，需要通过研究论证污染和受害之间的因果关系，量化受害者受害程度，并以此作为进一步行动的基础。

（2）在贵屿的研究中，绿色和平进行了人类学研究、化学研究、健康调查，多方面研究共同形成成果证明贵屿被电子垃圾损害的事实。环境问题研究根据需要可能包括自然科学、社会科学领域的多个方面，除了环境变化的监测指标外，还包括气象、水文、医学、法律、经济、历史、社会学、人类学等多个学科。

（3）真诚的工作态度、在大环境而非实验室中进行研究、多领域相互合作是环境保护研究的重要法宝，三个方面相辅相成、相互促进，而且成功的研究可以推动成功的行动，失败的研究会导致进一步的环境灾难，这也是环保相关领域做研究的人员肩负的责任。

游　学

相关定义

游学是一种教育方式，到保持有特定文化环境的地域进行短期学习。现代环境倡导将游学的概念引入进来，指组织不同学科的学生、学者、研究人员到生态脆弱地区、环境退化区、污染严重地区等环境敏感地区实地调研、走访、讨论、研究当地实际情况。

作用和意义

（1）学习乡土知识。

（2）拓宽学者视野，影响科研。

（3）影响政策。游学可以通过开辟研究领域，形成研究成果，进而影响政策，也可以在游学过程中，通过和地方官员交流影响微观政策。

（4）培养环境保护的后备人才。

（5）协助社区建设。

工作要领

（1）预设主题。游学要有主题，关注哪个地区的哪一类环境问题，希望在哪个方面进行调查并深入研究。

（2）设计好路线和目的地。游学拜访的地点要慎重选择，要有代表性，几个地点之间的路线要有所设计，并安排好交通和住宿。

（3）确定邀请人群。什么学者和学生适合参加游学需要根据游学的主题进行筛选，保证学科间的搭配关系，以使交流更有价值。参加游学的人尽量选择对当地情况有研究热情的人，以及在一次游学后可能持续关注和研究的人。

（4）保持开放性，不追求唯一答案。游学的结果不要求参加的人达成统一意见，而是给参加者提供更深入思考和研究的动力，使项目产生可持续的影响。

（5）对游学成果进行收集和整理，对发现的有新闻价值和政策倡导价值的问题及时作出反应，向公众和学生分享游学的成果。

案例3-9：天下溪教育咨询中心“人与草原”网络组织草原游学

项目背景

中国北方草原的大面积退化是近年来引起广泛关注的社会问题。而各路专家为草原开出的药方又令人瞠目结舌，如推动游牧民定居、将牧民转移到城市、打井、种地解决饲草缺乏问题等等。这些措施不仅违背当地的自然规律，破坏了草原长期形成的传统文化，而且加剧了生态灾难同时又使很多牧民生计艰难，形成社会问题。

项目实施情况

2007年9月，天下溪“人与草原网络”组织16名学者和地方专家，走访了正镶白旗、西苏旗、东乌旗、鄂温克旗、新巴尔虎旗的6个牧民合作组织和锡林郭勒盟、呼伦贝尔盟的2个盟政府。参加游学的学者来自呼和浩特和北京的科研院校，研究领域覆盖了草原生态、自然资源管理、政策、农村发展、人文地理、历史等，也有媒体记者及草根民间环保组织，多领域、多视角使游学队伍形成相互交流、共同学习的氛围。游学后，编制了上百万字的《游学笔记》，成为研究草原问题的第一手资料。

这次游学成为凝聚天下溪“人与草原网络”核心学者的开始，这些学者后来成为参与后来面向研究生培养活动的主要力量。

2009年秋，天下溪再次面向北京、内蒙古高校研究生组织草原游学活动。游学点设置了两个，分别是东苏旗一个多年的国家围栏项目点以及克什克腾旗一个林草纠纷下的牧民文化协会。东苏旗游学点地处半荒漠草原与典型草原的交接带，生态脆弱性明显，在围栏政策推行的多年里，一直是围栏项目“典型示范区”，研究生们深入围栏牧民家庭，考察草原生态的变迁和网围栏带给当地的影响。而克什克腾旗草原自然条件良好，生态和地质多样，是非常少的没有分草场到户的典型地区，可以从中看到草原共同管理的可行性和优势。在当地，牧业和林业的产权纠纷进入学生们的视野，而畜种盲目改良带来的问题也促使学生从新思考发展和保护的关系。这次游学邀请了内蒙古农业大学生态学教授易津老师和草原生态与植物分类学者刘书润老师随同指导，为学生们介绍草原生态和植物知识。

游学结束后，学生们在呼和浩特和北京两地的高校里开了分享会，学生们的见闻也给学校里的同学很多启发。

此外，天下溪还组织过多次小规模的团队游学。

项目影响

很多学者在参加天下溪的两次游学后，开始研究和关注草原问题，后来成为草原研究领域里的重要力量。

这些学者之间建立起横向的联系，在后来的各种草原研究的会议、研讨活动中，继续相互交流，发挥影响。如后来由国家民委主办的“全国牧区发展研讨会”中邀请的大量学者都是在天下溪的游学过程中相互认识的。

天下溪草原项目团队与当地牧民建立起稳定的联系，为后来的工作打开大门，如，后来天下溪和达尔问自然求知社联合干预的铁蹄马项目，自发保护铁蹄马的牧民就是在当初游学时结识的一位牧民。这个案例在其他章节会有介绍。

案例分析

真正的知识和智慧藏在老百姓中间，游学是一个提供学者和青年学生学习乡土知识的绝好机会，有利于乡土知识和智慧的发掘整理。目前中国的教育科研体系普遍存在学科割裂、视角单一、脱离实际的问题，游学的一个重要意义就是把研究自然生态、工程技术、经济发展、地方文化等不同问题的学者集合在一起，共同游历环境敏感地区，一起进行社会调查、科学考察，并且相互交流各自的收获，可以促使学者发现真问题、激发研究热情、拓宽视野，并面对实际、深入思考环境问题的由来和解决办法，由此影响他们的科研成果。

学者的科研成果在一定条件下会成为制定政策的依据，因此可以通过影响科研从而逐步影响宏观政策。一些当地的实际问题可以在游学过程中被发现，通过和地方政府交流，也可以直接影响微观政策。

游学不仅有学者参加，也面向研究生、志愿者、媒体人员、民间环保组织工作人员，游学不仅为很多青年学生和志愿者的研究工作开辟道路，而且可以建立他们和土地间的情感联系。使这些未来可能获得更大话语权的人关注土地，关注真问题，使城市人群和乡村社区形成良性互动。

另外游学对目的地社区有一定影响，通过游学可以及时发现目的地社区的问题，而目的地社区对环保的积极探索可以通过游学队伍的传播得到放大，学者和学生也可以直接了解当地居民的需求，并提供力所能及的帮助。

小贴士

游学是一种比较开放的工作方式，每个参加都应该对看到的情况进行独立思考、公开讨论，最终不一定达成一致意见，而是要对进一步深入的研究起

到促进作用。民间环保组织是游学的组织者，但不能指望一次游学解决所有问题，要通过游学推动参加人员参与环境保护行动，对某一地区形成持续关注。

讲座和沙龙

相关定义

讲座和沙龙是一种面向较小的公众群体推广环境保护理念、发布环境事件的方法。讲座通常以一个主讲人的演讲为主，而沙龙通常包含更多互动的非正式研讨活动。

作用和意义

讲座和沙龙影响力较小但比较直接，影响人群大都是对环境问题关注度高的人群。基于这些特点，讲座和沙龙有几个重要的作用：

（1）适合环境事件“破冰”。有些环境事件比如大熊猫保护可谓家喻户晓，而有些环境事件比如国家一级保护动物白鹤（全世界仅存3 000只），它们的生存状况却不在公众视野之中，这类环境事件可以通过沙龙、讲座的形式发布出去，引起社会关注，沙龙和讲座是许多媒体最初了解环境事件的窗口。

（2）适合干预相对复杂的环境事件。有些环境事件公众比较容易理解，比如饮用水源污染事件一旦发生媒体争相报道，公众的关注度也比较高，而有些环境事件就不那么容易说清楚，比如由于工业化侵袭导致西部一些地区生态失调造成的总体退化，公众对此的认知度非常低，这类环境事件就可以通过讲座和沙龙的形式，首先吸引有密切关系的公众群体和媒体参加讲座和沙龙，通过活动加深对环境问题的认识。

（3）可以用于干预地区性环境事件。对于一些地区性环境事件，可以通过在当地办沙龙、讲座，当地人直接参与讨论的形式在当地产生影响，探讨解决办法。

（4）长期的讲座和沙龙可以起到逐步提高公众意识，改变政策制定者的思维方式，引起媒体关注，形成环境信息发布平台的作用。

工作要领

（1）有明确的沙龙或讲座主题。

（2）邀请主讲人。演讲人可以是这方面的专家学者、当地社区居民、相关民间环保组织工作人员、相关部门的政府官员等等。

（3）邀请听众。沙龙和讲座要吸引有兴趣关注的人，这需要把讲座的消息准确的发布到相关人群。首先，多次做沙龙讲座的机构都有邮件组，邮件组是一个非常好的通知方式。其次，做沙龙讲座的机构都有自己的网站，可以在自己的网站上发布。再次，可以通过相关媒体，尤其是网络媒体发布，现在大部分门户网站都有环保频道，可以和他们建立合作。最后，在相关的论坛、QQ群中发布。

（4）沙龙结束后，将讲座和讨论的内容整理发布，既可以作为资料，也可以进一步传播。

（5）长期坚持。沙龙和讲座不大可能一次性产生影响环境政策、干预环境事件的效果，需要长期努力，对原有的环境事件进行追踪，对新的环境事件跟进。

案例3-10：“达尔问自然求知社”运行自然大学

“自然大学”是中国多家民间环保组织联合开发、共同推广的公众环保项目，2007年3月正式立项。2009年11月，达尔问自然求知社（北京市朝阳区达尔问环境研究所）正式成立后，开始全面运营自然大学项目。

“自然大学”推动者认为，只有培养中国公众热爱自然的精神和能力，才有可能保护中国的自然环境；中国当前环保组织的发展趋势是“区域公益型”，也就是每个当地的环保组织带领、激发当地的公众关注和保护当地的环境。自然大学项目有希望成为所有民间环保组织萌芽、生长的基础项目。

达尔问自然求知社运营的自然大学项目追求的是“无限开放”的自然大学，也有可能成为世界上最廉价的大学，因为自然界是最博大的，自然大学的原则是低成本运作，只需要极少的花费就可以运行。

自然大学秉持的是“本地性、持续性、开放性、公益性”的原则，鼓励所有的参与者自由发展，主动保护自然的权益。目前，在北京、厦门、上海、兰州、天津、南京、济南、郑州、广州、合肥、福州、重庆、成都、河南周口等地都在探索其当地特色的发展方式。

北京的“自然大学”项目推进得相当迅速，2007年3月以来，陆续开办了水学院、鸟兽学院、草木学院、自然摄影学院、环境健康学院、垃圾学院等，目前各学院的活动大体每周都会举行，很少间断。

环保活动最大的好处是给公众提供知识增值和环境拓展。因此，自然大学相信每个人都有成为教授和研究员的可能，每个人都有把个体知识传播给其他人的愿望。公众环境教育最终是为了让公众本身掌握良好的环境对话能力，自然大学从开始就设立了“研究中心”，鼓励各个学院在向本地自然的学习中发现问题，组织志愿者来研究和探讨这些问题，以实现对环境真相的掌握，并把真相进行更加广泛的传播。

案例分析

对于任何人来说，每一个环境问题引发的疑惑一旦放弃追问，就再也不会被关心了。而如果相反，我们抓住它，对它提出问题，为它寻找答案，就有可能成为下一个解决问题的人。

自然大学给那些抓住疑惑的自主求知者提供一个寻找答案的空间，让一个疑问、一次零星的好奇，因为能够在自然大学的讲座和户外参观中得到抒发和讨论，获取各种对应的答案，即便未必最终解惑，只要能在心中停留更多的时间，这个人为它投注的兴趣和热情，可能就会翻倍。

当然这只是自然大学诸多价值中的一个。自然大学还旨在激活沉睡的能量，有时候能量并不稀缺，只是因为束缚在各自的领域中不断消沉。有时候，能量鲜活的阻碍其实并不复杂，仅仅是感到“不被需要”而已。当一个有答案却无处说的人，正好遇见了寻求答案的人，而大家又都真正在思索同一问题，愿意恳切交流，想一想，这会是一场多么有趣的讨论。

沙龙和讲座是一种相对温和的环境干预模式，适合于环境事件“破冰”、干预相对复杂的环境事件和地区性环境事件。长期的讲座和沙龙形成的信息平台作用不可忽视。

小贴士

沙龙、讲座的主讲人可以是这方面的专家学者、当地社区居民、相关民间环保组织工作人员、相关部门的政府官员等等。如果主讲人不是经常在公众面前发言的人，他的讲话能力可能较低的，可以通过主持人访谈的形式进行，要通过各种渠道邀请到感兴趣的听众，和听众的互动是沙龙讲座中的重要环节。最后讲座和讨论的内容要有发布平台，以此进一步扩大影响。

第四节　建言献策

向政府部门直接发出声音是环境倡导最有效的方法。中国的宪法和法律赋予公民很多权利可以向政府部门发出声音，建言献策可以提高政府的行政水平，同时也是公民行使自己的合法权利的途径。

两会提案

相关定义

两会提案是直接通过人大代表和政协委员的提案程序，向国家或地方提出环保建议的方法。这是环境倡导过程中的一个比较直接的方法，是国内目前相对畅通的向政府直接发出声音的方法。

提案的写作主体是个人，作为人大代表具有向同级权力机关提出自己意见和建议的权利，个人的意见和建议只能用提案而不能用议案，即使有多人附议也不能更名为议案。议案必须列入大会的议程予以审议，而提案的作用是供有关部门今后决策时参考，有可能被采纳，也有可能不被采纳。

作用和意义

两会提案是法律赋予两会代表委员的重要权利，通过提案向政府建言献策也是代表委员们的义务，环境倡导通过两会提案进行程序上有法律保障，是重要的民间环保组织和政府对话的渠道。通过提案推动政府重视环境问题的同时，也是在推动中国社会的民主和法制建设。

工作要领

进行两会提案，要做好以下几方面工作。

（1）提案之前，民间环保组织应掌握环境问题的研究成果和第一手资料，“自然之友”的张伯驹谈到两会提案时说：“提案要有料，就是研究成果和第一手调查资料，提案不是为了提而提，不能开会前现做，而是要确实有话要说。”

（2）主动联系代表委员，两会的代表委员是提案的提交人，民间环保组织要通过他们进行提案。联系代表委员有几个方法：首先，有些有影响力的民间环保组织他们的会员、理事当中就有人是代表委员，可以通过他们提案，另外在民间环保组织联系的学者、社会名人中也可以间接找到代表委员，这也是联系代表委员的方法，第三，可以通过历届两会的提案纪录查到以前提过类似提案的代表委员，直接和他们联系，达成共识后，进行提案。

（3）要和代表委员达成真正的共识，两会提案并不是让代表委员为自己说话，也不是帮代表委员写提案，而是要在提案过程中和代表委员达成真正共识，代表委员真心愿意提交这个提案，并能提出自己的观点，民间环保组织也可以在这个过程中对提案所表述的事情有更深的认识。

（4）撰写提案，提案有一定的格式，文书写作要符合格式要求，要言之有物、言简意赅、内容要扎实。

案例3-11：“自然之友”《加强环境保护在社区层面的公众参与的提案》递交过程

加强环境保护在社区层面的公众参与并不是很紧急的事情，但很是环境保护中的基础工作。“自然之友”认为虽不紧急，这个事情还是非常重要的，如果能够尽早改善，改善整个环境保护的大环境有非常重要的意义。在那一年两会上，“自然之友”完全没有看到任何渠道可以递交这份提案，于是他们查了前一年两会提案，通过查阅发现前一年有一个政协委员提了一个类似的提案，就希望能找到这个委员共同递交今年这份。那名政协委员是一个民营企业家，他们就直接给企业打电话，一步一步通过前台找到他的秘书，再找到他本人。

和他本人接触后，这名企业家非常犹豫，原来去年那份提案是他的一位朋友让他帮忙提的，他并不理解什么是“社区层面的公众参与”，也不了解民间环保组织，经过几天的沟通，这位委员理解了提案的意思，但是在两会开幕前一天秘书来电话说他不太合适递交这个提案。这次合作虽然没有成功，但是“自然之友”认为这个过程很有价值，由于不是简单转手，这名委员最终理解了提案的内容，也理解了民间环保组织的工作性质，那么他做出自己的选择，比简单转手要有价值得多。

通常情况下，“自然之友”是不会临时找人递交提案的，但是这次的情况有点特殊。在那名委员不同意递交提案之后，“自然之友”的工作人员正好接受一个记者的采访，那名记者了解到这个情况后，就提供了一个信息，有一名他刚刚采访过的政协委员非常关心环境问题，并主动提供了他的联系方式。“自然之友”的工作人员拨通了这位委员的电话，自我介绍后，说明了原因，双方谈得非常好，两天以后，这位委员对提案做了些修改加上了自己的意见，递交了上去。

案例分析

进行两会提案要注意几个问题。

（1）根据提案内容的涉及面，可以在全国两会提案，也可以在地方提，不一定非要追求全国影响。

（2）不要把提案想得太高端，只要言之有物，建议扎实即可。

（3）不要依赖名人，有的民间环保组织理事和工作人员中有社会名流，但大多数民间环保组织没有，这并不影响民间环保组织提交提案，要主动寻求渠道，找到可以达成共识的代表委员，社会资源是需要自己不断开拓的。

（4）提案的目的是影响政府政策，影响公众认识，所以不能仅仅依赖提案，递交提案本身不是目标，递交后要有媒体报道，要向参与的公众反馈，向和提案有关系公众讲解。

小贴士

通过两会提案向政府提出意见和建议是法律赋予的重要权利，作为民间环保组织应该积极履行法律赋予的权利。不要太多抱怨两会提案有用没用，如果作为公民、作为民间环保组织，包括作为代表委员，自己不行使自己的权利，权利就永远没有用。改善社会的民主环境需要从自身做起，利用好法律赋予的权利，就能够对民主建设和公民社会建设起到的推动作用。

法律点评

1. 全国人民代表大会

中华人民共和国全国人民代表大会是最高国家权力机关。它的常设机关是全国人民代表大会常务委员会。一个代表团或者三十名以上的代表（县级以上的十人、乡级的五人），可以向全国人民代表大会提出属于全国人民代表大会职权范围内的议案，由主席团决定是否列入大会议程，或者先交有关的专门委员会审议、提出是否列入大会议程的意见，再决定是否列入大会议程。

2. 中国人民政治协商会议

中国人民政治协商会议设全国委员会和地方委员会。中国人民政治协商会议全国委员会对地方委员会的关系和地方委员会对下级地方委员会的关系是指导关系。中国人民政治协商会议全国委员会和地方委员会的委员，在本会会议上有表决权、选举权和被选举权；有对本会工作提出批评和建议的权利。参加中国人民政治协商会议全国委员会和地方委员会的单位和个人，有通过本会会议和组织充分发表各种意见、参加讨论国家大政方针和该地方重大事务的权利，对国家机关和国家工作人员的工作提出建议和批评的权利，以及对违纪违法行为检举揭发、参与调查和检查的权利。

游 说

相关定义

游说是指通过面对面的交流，使政府机构接受环境保护的有关建议的方法。本书所指的游说不是西方国家特定的"院外游说"而是指广义的通过各种方式和政府部门及其相关工作人员进行交流的方法。

作用和意义

（1）直接传达环境保护的声音，使双方都不再回避最实质的问题。

（2）可以获得直接的反馈，更深入了解环境问题的阻力来源，并寻求进一步的解决方案。

（3）可以比较快速的解决某些个案。

工作要领

（1）拜访政府官员前，充分调研，做到有理有据。

（2）拜访主管官员前，可以先争取一些政府机关的支持，比如环保局、宣传办、旅游局、林业局等。

（3）调动媒体、科研、当地居民等力量，形成正面的社会舆论。

（4）在正面交往时，对不同观点保持克制，始终以合作姿态，为对方着想，提出有利于对方的解决方案。

案例3-12：辽宁环保志愿者联合会獾子洞湿地保护项目

2005年辽宁环保志愿者联合会发现獾子洞水库湿地的生态价值，在这里发现了国家一级保护鸟类东方白鹳、白鹤，以及丹顶鹤、大天鹅、灰雁、豆雁、花脸鸭等鸟类。同时发现库区居民捡鸟蛋、过度捕鱼、投饵毒鸟的现象非常严重，2005年一次被投毒毒死的鸟通过车拉人背的方式一个星期才清理完毕。

为了保护獾子洞湿地的候鸟，辽宁环保志愿者联合会启动了獾子洞项目。首先进行湿地调查，从此，辽宁环保志愿者协会的周海翔经常到獾子洞湿地，天不亮就潜伏在湿地拍摄各种候鸟清晨觅食的情况，同时也拍到捕鸟人的行动。经过一年调查，周海翔发现獾子洞湿地的重要生态价值，这里不仅发现了国家一级保护鸟类东方白鹳、白头鹤，还发现了800多只白鹤迁飞途中经过獾子洞，这种形态优美的大型水鸟全世界仅存3 000只左右。经过调查，獾子洞的各种水鸟数量达上万只。

周海翔以辽宁环保志愿者联合会志愿者身份拜访当地县和市的官员，把自己拍到的珍贵候鸟和湖区捕鸟、毒鸟、灭绝性捕鱼的图片给他们看，提示他们獾子洞水库的重要生态价值和严重问题，并邀请他们到现场视察。同时通过辽宁电视台宣传獾子洞湿地发现大量候鸟亟待保护的情况。辽宁电视台在与志愿者联合会的合作中转化成了环保志愿者，主动捐助两万元在当地竖立保护鸟类的宣传牌50多个。电视台记者就候鸟保护问题采访当地官员，也使得当地官员更加重视此事。

志愿者们在獾子洞周边的学校进行宣讲，让小学生影响家长不投毒、不捡鸟蛋、不使用绝户网，志愿者联合会也参与了清理绝户网的行动，还建立了几个观鸟中心，配备了高倍望远镜。在志愿者联合会推动下，当地市长到獾子洞现场办公一次、县长现场办公两次强调獾子洞候鸟保护，并将它作为本地区特色。

在项目启动时，獾子洞的最后一千亩滩涂湿地正面临开发，周海翔将有关土地和候鸟保护的各种法律文件准备齐全，在县长现场办公前，在媒体不在场的时候交给县长，向县长提供了停止土地开发的法律依据，并给县长修正土地开发事项的空间，县长在办公会上下令停止土地开发，把滩涂湿地留给了候鸟。

经过多年努力，獾子洞周边过度捕捞、毒鸟、捡鸟蛋现象已经大为改观，水面不再承包给渔民，滩涂湿地也得到恢复，獾子洞当地居民也建立了自己的护鸟小组，獾子洞湿地至今运行良好。

案例分析

（1）在拜访政府官员前，辽宁环境保护志愿者联合会首先进行了充分的调查，不仅进行了文字纪录，还拍摄了大量直观的图片。

（2）在獾子洞湿地保护项目中，媒体始终进行正面宣传，讲出獾子洞湿地的价值，以此引起地方政府和百姓的重视。

（3）每一次和官员沟通，志愿者们都事先充分准备，不仅收集到鸟类活动的资料，还收集到当地灭绝性捕鱼、人鸟争食、毒鸟的资料、开发滩涂的资料，此外还将政府可以采取什么样行动的法律依据也收集起来，提交给政府相关部门，使政府部门可以采取有效的行动。

（4）在和政府部门正面交往的同时，依靠当地居民也是不可忽视的，在和政府官员沟通的同时，辽宁环境保护志愿者联合会始终在当地百姓中工作，使他们认识到身边资源的重要价值，发动他们放弃捕鱼和毒鸟，加入到保护队伍中来。老百姓的转变也是推动政府行动的重要动力。

小贴士

与政府部门正面交流是一个不能回避的问题，要主动打破僵局，设法找到利益共同点，合作运行环保项目，促使政府部门发挥职能作用。这样的交流可以避免政府部门对环境保护产生抵触情绪，影响环保的发展。同时顺畅的合作可以使环保项目具有可持续性。

法律点评

政府接待公民来访的法律规定主要是有《宪法》和《信访条例》。《宪法》第41条规定：“中华人民共和国公民对于任何国家机关和国家工作人员，有提出批评和建议的权利；对于任何国家机关和国家工作人员的违法失职行为，有向有关国家机关提出申诉、控告或者检举的权利，但是不得捏造或者歪曲事实进行诬告陷害。对于公民的申诉、控告或者检举，有关国家机关必须查清事实，负责处理。任何人不得压制和打击报复。由于国家机关和国家工作人员侵犯公民权利而受到损失的人，有依照法律规定取得赔偿的权利。”《信访条例》第3条规定：“各级人民政府、县级以上人民政府工作部门应当做好信访工作，认真处理来信、接待来访，倾听人民群众的意见、建议和要求，接受人民群众的监督，努力为人民群众服务。各级人民政府、县级以上人民政府工作部门应当畅通信访渠道，为信访人采用本条例规定的形式反映情况，提出建议、意见或者投诉请求提供便利条件。任何组织和个人不得打击报复信访人。”第6条规定：“县级以上人民政府应当设立信访工作机构；县级以上人民政府工作部门及乡、镇人民政府应当按照有利工作、方便信访人的原则，确定负责信访工作的机构(以下简称信访工作机构)或者人员，具体负责信访工作。县级以上人民政府信访工作机构是本级人民政府负责信访工作的行政机构，履行下列职责：（1）受理、交办、转送信访人提出的信访事项；（2）承办上级和本级人民政府交由处理的信访事项；（3）协调处理重要信访事项；（4）督促检查信访事项的处理；（5）研究、分析信访情况，开展调查研究，及时向本级人民政府提出完善政策和改进工作的建议；（6）对本级人民政府其他工作部门和下级人民政府信访工作机构的信访工作进行指导。”

举办面向政府机构的研讨会

作用和意义

举办研讨会，民间环保组织经常使用的工作方法，如果研讨会能够有主管的政府部门参加，就有可能对政策制定产生直接或间接的影响。有些研讨会甚至可以和政府有关部门合办，通过这些研讨会，反映问题、释放民间的声音、和政府机构正面交流。

（1）提供民间环保组织和政府机构正面交流的机会，对政策倡导有相对直接的影响和作用。

（2）探讨会可以邀请多方人士参加，倾听不同的声音，并在会上研究、深入讨论。

（3）建立政府、民间环保组织与基层百姓之间的联系，使他们在今后也可以有条件相互沟通。

工作要领

（1）找到有合作愿望和积极性的政府机关，并在会议组织工作中取得一定的主动权。

（2）邀请环境问题的各方参加会议，参会的草根和学者手中要拥有信服力强的第一线的资料，并安排他们在会议上公布。

（3）安排好会议的议程和发言时间、顺序。这一点非常重要，这一类的研讨会主要是一个下情上达的渠道，不是政府发布决议的渠道，与会的政府机关工作人员应主要是倾听者，因此要给参会的草根代表充分的发言机会，并且把握时机，保证参会的官员可以听到他们的发言并参与讨论。

（4）做好会议纪录和与会人员联系表格，推动会上有融冰迹象的各种事项在会后继续发展。

法律点评

我国《宪法》规定我国公民有言论自由的权利，第35条规定“中华人民共和国公民有言论、出版、集会、结社、游行、示威的自由。”《中华人民共和国出版管理条例》规定公民有依法行使出版自由的权利，第5条规定：“禁止出版、印刷或者复制、发行有下列内容的出版物：（1）反对宪法确定的基本原则的；（2）危害国家的统一、主权和领土完整的；（3）危害国家的安全、荣誉和利益的：（4）煽动民族分裂，侵害少数民族风俗习惯。破坏民族团结的；（5）泄露国家秘密的；（6）宣扬淫秽、迷信或者渲染暴力，危害社会公德和民族优秀文化传统的；（7）侮辱或者诽谤他人的；（8）法律、法规规定禁止的其他内容的。”

公开信

作用和意义

（1）和政府官员直接沟通，直接表达民意。

（2）可以在社会上引起一定反响，引发公众和媒体关注事态发展。

工作要领

（1）做好充分的调查研究，有理有据，永远是各项沟通工作的基础。

（2）写信给政府重要的政府官员，书记、市长、省长等，同时在媒体上发表。

（3）信的内容要切中当地百姓关心的问题，可以得到当地百姓、媒体和利益相关方的支持，行文要打动人心。

（4）写信的时机选择破冰和“最后一根稻草”是最好的时机，但不必特别拘泥，根据实际情况决定，但不要选择激化矛盾的时机。

案例3-13：绿色汉江团体会员——米公小学11岁的学生段泽坤写信给河南省委书记反映唐白河污染

2004年4月，绿色汉江通过“徒步唐白河环保行”活动，进行实地调查，亲眼看到唐白河的支流白河变成了黑河。

此后，绿色汉江多次到唐白河流域调查，发现鄂豫交界处的翟湾村由于河水污染村民不堪其苦，一大河（黑）水，人、畜不能喝，鱼不能养，庄稼不能灌溉。近四年多来，该村有10多人患病死亡。据村长介绍，其中大部分死于癌症（该村村民不吃腌咸菜、不酗酒），死亡率明显高于襄樊市平均死亡率。朱集镇沿白河边翟湾村以下的王集、潘湾、刘湾等8个村庄村民也饱受水污染之苦，20世纪90年代末以来发病率远远高于其他地区。由于唐白河的污染属于河南和湖北两省之间的跨界污染，因而问题特别复杂，解决难度特别大。

意识到唐白河遭到污染的严重性后，绿色汉江将解决唐白河污染问题作为其现阶段的工作重点。在当地媒体支持下，公共宣传活动相当有力，通过媒体报道，将公众注意力又吸引到唐白河问题上来，并使得公众了解到污染源来自上游，广泛发动了当地公众的参与。

在这样的舆论背景下，绿色汉江发动团体会员——襄樊市米公小学一名11岁的学生段泽坤，于2004年4月致信河南省委书记李克强，说“想和唐白河的鱼儿一起畅游”。这封信被《长江日报》刊登后形成了一定的舆论压力和效果。据《长江日报》的后续报道称，“河南省委书记李克强获悉来信和本报报道后，立即做出批示”，“河南省环保局立即对南阳市的污染源进行治理，关停并转产了一批排污企业，扩建南阳市污水处理厂”。这是相邻两省打破僵局，开始良性互动的信号。

案例分析

这封公开信非常成功，问题、时机、相关地有利条件都把握得非常好。同时这个行动不是孤立的，在公开信之前和之后，绿色汉江一直关注着污染对当地村民健康、生命的威胁，以及污染给他们造成的经济损失，在公开信之后，他们抓住了政策转变的时机，监督污染企业，并为村民办实事。

小贴士

公开信是把矛盾曝光于公众面前，迫使政府部门作出决定，因此公开信最好措辞恳切、态度真诚、打动人心，以避免矛盾激化；同时，公开信要有理有据，直指问题核心，不能回避问题，浪费机会。

第五节　直接行动

直接行动在环境保护倡导中的作用至关重要，直接行动也可以产生直接的改变。在中国的法律允许范围内，民间环保组织可以在多大的范围内直接行动？可以进行哪些行动？本章将做一个介绍。在合法范围内直接行动同样是在行使公民的合法权利，不仅可以推动环境保护倡导工作，也可以推动中国的公民社会建设，使躺在法律条文里的权利变成实际有效的权利。

抗　议

作用和意义

抗议在环境倡导中的主要作用是直接，可以直接面对污染企业和环境破坏事件，和造成环境破坏的一方直接对话，对话有效的话可以直接停止污染和破坏，另外，抗议容易引起重视，引起新闻媒体和公众的关注。

工作要领

（1）坚持非暴力原则。

（2）直接行动。直接到污染企业、破坏环境的企业门口，直接提要求。

（3）在行动之前做好计划，所有行动里面的细节和方案要经过律师确认，确保行动不违反法律，尤其不能触犯《刑法》。

（4）抗议是整个环境项目中很小的一部分，不能孤立进行。

案例3-14：“绿色和平”抗议大型电子企业使用有毒原料

电子垃圾，顾名思义，就是消费者（用户）废弃的家用电器与电子产品，如手机、电脑、电视、打印机等电子产品。由于电子行业的高速发展和电子产品的高速废弃特质，电子垃圾成为了世界上增长最快的垃圾。

绿色和平多次深入中国南方以经营电子垃圾拆解为主业的小镇贵屿开展研究。一系列的研究表明，电子垃圾拆解对贵屿已经造成了严重的环境污染和健康影响。

绿色和平发现，电子产品中包含有大量的有毒物质，以至于在变成废物之后，它们很难安全地进行处理。那也是为什么它们通常都被出口，而且是非法的——将有毒废物问题转移给其他国家，特别是那些劳动力廉价，环境和健康安全标准更低的贫穷的发展中国家。电子行业的绿色革命为了从根源上解决电子垃圾的问题，绿色和平于2005年开始了新一轮的全球性项目，制定了项目的中期目标：电子产品无毒化和生产者延伸责任制；以及长期目标：清洁生产。

2005年5月，绿色和平在全球范围内启动一系列针对不负责任的大型电子企业的抗议行动。由于惠普公司产品中溴化阻燃剂含量远远高于其他品牌产品，而且，惠普拒绝承诺不用有毒物质。于是，绿色和平首先针对惠普公司，将在中国广东省贵屿收集的，带有惠普公司品牌标志的电子废物带到惠普总部门外进行抗议活动，要求其承诺在未来的产品中停止使用有毒物质。绿色和平中国、瑞士、荷兰、墨西哥等办公室共同参与了本次行动。由于惠普始终没有能够对绿色和平的要求做出公开承诺，绿色和平在随后半年多时间里开展了一系列抗议行动，2006年3月德国汉诺威科博会上继续施加压力，最终，惠普在其股东大会上做出停止使用有毒物质BFR 和PVC 的公开承诺。

与此同时，绿色和平还使用排行榜策略，对全球14家最大的电脑和手机生产品牌企业进行环保表现排名施加压力。通过这个排行榜，大部分公司都对他们的环保政策有所提高，从最早没有公司超过7，到现在大部分公司都超过了5。绿色和平在2005～2007年，在去除电子产品中有毒物质使用的公开承诺结果可以看到：在整个产品中有时间表的去除BFRs 和 PVC 两种有毒物质(按承诺时间排序)的品牌有：宏碁（Acer）、苹果（Apple）、戴尔（Dell）、惠普（HP）、联想（Lenovo）、LG、诺基亚（Nokia）、三星（Samsung）、索尼（Sony）、索尼爱立信（Sony-Ericsson）、东芝（Toshiba）；从这些品牌的全球市场份额来看，其电脑产品约占55～60% 全球市场份额，手机产品约占三分之二的全球市场份额。而且，所有企业承诺将于2008～2010年去除有毒物质。

案例分析

（1）绿色和平在他们的历次抗议中都坚持非暴力原则。所谓非暴力指不携带武器、不带有任何攻击性、不和造成环境破坏一方的守卫保安发生冲突、不和警察冲突、不破坏任何公共设施。

（2）绿色和平通过一系列研究工作，找到了污染源头——电子垃圾的生产企业，并且面向这些大公司直接行动。直接沟通的方式有很多，如：递交请愿信、递交环境破坏的物证，或直接去破坏现场见证环境破坏。这一次绿色和平选择在惠普总部、科博会等地展示电子垃圾，这一做法引起公众和消费者的反响。

（3）绿色和平的所有抗议行动之前，都要请律师确认所有细节，确保行动不违反法律，尤其不触犯刑法，最多只能在“妨碍他人通过”这类轻微的治安指控和抗议的事件间作选择，并保证律师能处理志愿者被抓、被控告的情况，但这一类情况也应尽一切可能避免。

（4）抗议只是整个项目工作中很小的一部分，用“绿色和平”的案例提供者赖芸的话说“只占整个项目的5%”，抗议只是容易被公众关注和放大，公众往往不容易看到另外的95%。在这次对环境事件干预活动中，调查、研究、取证、媒体报道、游说、通过其他渠道进行对话工作都在进行。

小贴士

在进行抗议之前，自己的方方面面要准备充分。研究和调查必须扎实准确，活动的组织过程必须经过律师缜密地核对确认合法。不合法的抗议对民间环保组织有很多负面影响，不仅影响组织存在和合法性，也影响公众形象，降低公众对民间环保组织的信任和支持。

法律点评

我国《宪法》规定公民有游行示威的权利，第35条规定：“中华人民共和国公民有言论、出版、集会、结社、游行、示威的自由。”对此《中华人民共和国集会游行示威法》有了进一步规定：“公民行使集会、游行、示威的权利，各级人民政府应当依照本法规定，予以保障，公民在行使集会、游行、示威的权利的时候，必须遵守宪法和法律，不得反对宪法所确定的基本原则，不得损害国家、社会、集体的利益和其他公民的合法的自由和权利，集会、游行、示威应当和平地进行，不得携带武器、管制刀具和爆炸物，不得使用暴力或者煽动使用暴力。举行集会、游行、示威，必须依照本法规定向主管机关提出申请并获得许可。”

诉　讼

相关定义

诉讼就是老百姓俗话说的打官司，环境倡导中的诉讼就是通过司法程序解决环境问题。

作用和意义

很多环境问题都会直接侵犯当地居民的合法权益，虽然中国的法典中还没有“环境权”这个词，但是民事法律中的财产权、健康权、相邻关系权等都可以在环境事件中适用。通过法律途径解决问题可以避免环境事件的受害人陷入无期限的上访、申诉中，防止环境事件久拖不决，防止环境问题长期被关注却没有解决问题的实际行动。

工作要领

（1）受害人本身愿意通过诉讼解决纠纷，并且能顶住压力坚持到底。

（2）有明确的诉讼请求，环境问题的诉讼请求一般包括：停止侵害、赔偿损失、恢复原状几个方面。

（3）要收集证据。

（4）尽最大可能争取法律援助。

（5）需要多方面人士共同协作，一个成功的诉讼案件通常需要环保部门支持、多个民间环保组织的共同关注、媒体的监督、律师事务所卓有成效的工作、当事人的坚持几方面共同努力才能最终获得成功。

案例3-15：东乌旗牧民达木林扎布诉造纸厂一案

2000年，一家造纸厂因为高污染被请出河北随后被招商引资落户到国内最好的天然草原之一——锡林郭勒盟的东乌珠穆沁旗。当时旗政府把一个倒闭的牛场的土地批给了造纸厂，大约200亩。造纸厂建成后，就把污水排放在附近的草原上，污水横流，附近寸草不生，牲畜喝了这种水以后中毒生病甚至死亡，当地牧民反应强烈。

到2002年牧民经过两年上访，没有任何效果便找到“曾经草原”的负责人陈继群。陈继群研究了情况后提出，如果走诉讼程序有希望解决问题，但是当时还没有环境公益诉讼，诉讼就要求受害人起诉，他问牧民愿不愿意起诉，并提供了“曾经草原”网站主持翻译出版的相关法律读本，四位嘎查领导经过认真学习讨论，一致同意走司法程序起诉造纸厂污染要求赔偿。以达木林扎布为代表的7户受影响牧民同意起诉，在“曾经草原”的协助下，德恒律师事务所决定代理这个案件。

这时候，就有一个尖锐的问题出现了，律师事务所免收了律师费，而在办理案件的过程中，要跑现场、收集证据，花费大量人、财、物力，不仅如此为了减轻牧民的负担，律师事务所还主动承担了一半的诉讼费，如果在诉讼进行过程中牧民顶不住压力撤诉了，律师事务所的就白忙了，因此律师事务所提出并与牧民签署了委托全权代理的合同书，他们反复询问牧民会不会中途撤诉，达木林扎布表示自己坚决不会撤诉。

图3–9　达木林扎布

2002年，此案诉至锡林郭勒盟中级人民法院。按照我国《民事诉讼法》，诉讼的标的额达到一定金额就可以到中级人民法院开庭，这样就可以避免在东乌珠穆沁旗本地起诉，减少诉讼过程中受到的干扰。

这个案件在2002年9月28日在锡林郭勒盟中级法院立案，原告是7位牧民，被告是造纸厂，由于造纸厂提供了东政发[2000]1号文件，承诺向造纸厂无偿提供排放污水场地，旗政府被作为第三人传到法庭，此案成了一起民告官的案件。从立案开始，得到当时的国家环保总局的支持，内蒙古本地和中央的新闻媒体就一直关注此事，包括曾经草原、绿色北京、自然之友等多家民间环保组织在取证、翻译、媒体报道等方面进行的协助。在案件取证过程中，得到绿色北京聘请的一位专家的支持，对污水池的水样进行了检测，检测结果超出国家排放标准100多倍，这给予案件起诉方有力的支持。

然而预料之中的事情还是发生了，当时的锡盟盟长刘卓志（已因违纪被撤职）2002年12月8日主持盟长会议研究牧民起诉问题，派出工作组到东乌旗说服牧民撤诉。东乌旗政府针对本案有争议的4000亩集体土地权属问题，作出了

"收回牧民承包土地"的两次行政命令，并形成了文件[2002年12月16日和12月27日]。该文件写明根据"盟长办公会[2002年12月8日]的精神以及根据盟公署派到我旗工作组的意见"作出了"收回牧民承包的土地面积共10730亩（=715公顷）"的决定，给造纸厂使用，7位原告中的4位和政府单方面达成赔偿协议撤诉了，这给忙前跑后的律师事务所很大打击，但是包括达木林扎布在内的受影响最大的3户牧民坚持起诉。

2003年3月14日，两会期间，中央电视台《今日说法》播出该案报道，人大环资委主任曲格平作为嘉宾点评造纸厂污染案，认为应该追究当地政府责任。

这个案件一直拖了两年才开庭，2004年锡盟中原一审判牧民胜诉，造纸厂赔偿牧民20多万，牧民又上诉至内蒙古自治区高级人民法院。2004年8月，高法判牧民胜诉，赔偿牧民35万，牧民得到了一个相对满意的结果。不久造纸厂关闭，迁出东乌珠穆沁旗，四位旗主要领导被调离东乌旗。

案例分析

通过诉讼解决环境污染问题，首先，受害人应该学习和了解法律规定的公民的民事权利，懂得包括集体土地财产在内的国家、集体、私人的物权受法律保护，任何单位和个人不得侵犯。

其次，受害人本人愿意通过诉讼解决纠纷。诉讼的主要目的是帮助受害人停止环境侵害获得赔偿，在诉讼过程中律师们需要投入巨大人、财、物力，如果中途受害者本人中途撤诉，整件事情就会前功尽弃。现在环境诉讼可以通过公益诉讼进行，有民间环保组织提起诉讼，这使情况有了很多好转，但是起诉方也要能够坚守。

第三，要有举证能力，虽然法律规定环境损害案件"举证倒置"但是实际打起官司来，往往还是要原告举证。证据的收集对当事人来说是比较复杂的，可以求助专业人士。

第四，尽最大可能争取法律援助。一方面，诉讼虽然实际上比长期上访成本低，但是相对来说集中在一段时间里投入比较多，环境问题一般标的额都比较大，诉讼费、收集取证的费用就已经很高了，如果再交律师费当事人一般很难承受；另一方面，有公益诉讼经验和维护社会公正情怀的律师处理这类案件过程中会比单纯的商业律师更尽心尽力。

第五，需要多方面人士共同协作，在这个案件中，律师事务所、媒体、多家民间环保组织的介入在取证、监督等各个环节都发挥了巨大作用。

小贴士

中国的法治建设，虽然20世纪80年代开始，各种法律基本出台，但是普法，尤其是生态脆弱的西部民族地区由于语言问题，普法工作严重置后，当地居民太多不了解法律赋予自己的民事权利和集体土地等财产权利，一旦出现侵权事件，往往不能依法解决。另外，立法上和司法上还有很多不完善之处，走法律途径有一定的难度和风险。但是相对于上访、游说和抗议，司法途径有法律依据、有强制力、可以对受害人进行损害赔偿而不是罚款了事等优点。诉讼法中，对法律程序每个步骤需要多长时间都有明确规定，法院到期不作为必须做出解释，不象上访那样旷日持久。法院判决以后，就可以强制执行，对受害人的补偿也非常实际，这不仅维护了受害人的利益，也对污染企业有很强的制约，因为很多污染企业的获利还不足以赔偿他们给周围居民造成的损失。

诉讼需要法庭调查，适于解决比较复杂的案件，简单的和没有利益冲突的事件不适合用，毕竟中国的诉讼成本比较高，周期长。由于立法和司法漏洞的客观性，诉讼过程中也不能全部寄希望于法院，要通过民间环保组织、媒体、社会舆论起到监督作用。另外通过法律途径解决问题在客观上对推动中国法治建设有积极意义。

法律点评

1. 满足下列条件的可以向人民法院提起诉讼：

（1）原告是与本案有直接利害关系的公民、法人和其他组织；（2）有明确的被告；（3）有具体的诉讼请求和事实、理由；（4）属于人民法院受理民事诉讼的范围和受诉人民法院管辖。人民法院的管辖，分为地域管辖和级别管辖，地域管辖是事件发生地的法院来管，级别管辖是说事件的性质程度符合法院的受理要求。

2. 这是一起典型的民事侵权案件。

根据侵权行为法，侵权行为需要满足四个要件：（1）侵权行为人主观有过错；（2）有侵权行为；（3）有损害结果；（4）侵权行为与损害结果之间有因果关系，此案与之相符合。

5.3 直接援助

作用和意义

对受到环境破坏影响的老百姓提供直接援助有两方面作用，一是，可以解决当地居民的燃眉之急，对他们有实实在在的帮助。很多环境倡导工作都不是立竿见影的，解决问题有一个过程，有些可能需要长期的工作，在这个过程中，当地居民还要受到环境破坏之苦，能够有短期的解决困难的办法就要积极实施，同时推动环境问题长期向良性运转，逐步解决。

第二个作用是，通过直接提供援助，可以使民间环保组织实际接触到问题最紧迫的环节，对面临的环境问题及相关各种社会问题有更深刻的认识，同时可以取得当地居民的信任，建立很好的互动关系。

工作要领

（1）保持敏感，善于发现最紧张、最急需解决的问题。

（2）筹集解决问题所需的资金。在有些情况下，当地居民需要得就是经济援助，这时为他们筹集资金是非常重要的事情，直接援助也需要资金。

（3）解决紧急问题的同时，要分析长远的解决方案，并为解决长远问题不懈奋斗。

案例3–16：“绿色汉江”帮助唐白河流域村民打井，获得清洁饮用水

背　景

翟湾村地处鄂豫交界处，是白河进入湖北省境内的第一个村庄，隶属湖北襄阳区朱集镇，下辖5个村民小组，700多户，3400多口人，全村2、3、4 组傍河而居，1、5组距河稍远一点，由于白河水严重污染，还未走近河边就腥臭扑鼻，河床已染成黑色河水常年是劣五类。近四年多来，该村有1 00多人患病死亡。其中大部分死于癌症，该村村民不吃腌咸菜、不酗酒，死亡率明显高于襄樊市平均死亡率。

行　动

在发现翟湾村公共健康问题后，“绿色汉江”决定与襄樊市政府水行政主管部门水利局合作，为因受水污染而饮用水质极差的翟湾村村民打一口深井。积极发挥自身优势，向世行“中国发展市场”申请，几经努力，为村民安全饮水争取到3万美金，并推动促进了省、市政府拨出款项，为翟湾村打了一口深井。2006月6月，全村村民已经饮用上安全的水了。这口井是打一井救三村，翟湾村富余的深井饮用水还可供王集、黄岗村6000多村民。2007年，市水利局再次向省、市政府、省水利局汇报,再给白河沿岸其他村庄打深井。在2007～2008年可以全部解决白河沿岸2公里以内的20多个村庄25500多村民的安全饮用水。2007午，经“绿色汉江”半年的努力，争取到日本政府“利民工程”无偿捐助1000万日元援助我市“襄阳区朱集镇刘湾村安全饮水工程”建设项目，共投资355万元，其中除日本政府援助外，地方配套293万元。项目计划兴建一座日供水2000吨的自来水厂，解决了朱集镇刘湾、三合、袁湾、郝湾、潘湾、路庄6个村、2826户、12117人的饮水安全问题。2008年12月2日，“中日友好刘湾水厂”峻工。

影　响

村民能喝上深层地下水了，“绿色汉江”并不乐观，这只是救急，地下深层水本来应留给子孙用，守着村旁一条大河，为什么不保护好用来饮用，浇灌庄稼和养殖呢?

经过长期努力，“绿色汉江”得到了当地村民的支持，2006年春启动了“呼唤白河清，建设生态村”的活动。环保小分队分小组先后多次沿白河对襄阳区朱集镇翟湾村及其以下王集、潘湾、刘湾等8个村庄进行调查和宣传，2006年6月，在他们的宣传发动下，翟湾村、刘湾村，成立了由村干部、村民（其中包括两个村在白河渡船上的梢公）、教师、学生组成的水质监测小组，在白河边留下一支永远留守的环保队伍，此举属全国首创。

案例分析

在这个案例中，“绿色汉江”对村民的援助解决了村民的燃眉之急，同时通过长期努力取得当地居民的信任，建立很好的互动关系。

“绿色汉江”首先通过调查，发现了村民最紧迫的需求——干净的饮用水，于是选择打井来为村民提供援助，而后他们就多方筹措资金，把这个需求付诸行动。但绿色汉江并没有打完了井就完事，长期解决汉江流域的污染问题才是他们始终努力的目标，而村民最终参与到水质监测工作中对流域的污染防治有重要和持续的作用。

法律点评

《宪法》规定：“人民依照法律规定，通过各种途径和形式，管理国家事务，管理经济和文化事业，管理社会事务”。

《环境保护法》第6条规定：“一切单位和个人都有保护环境的义务，并有权对污染和破坏环境的单位和个人进行检举和控告”。

《国务院关于环境保护若干问题的决定》关于“建立公众参与机制，发挥社会团体的作用，鼓励公众参与环境保护工作，检举和揭发各种违反环境保护法律法规的行为”的规定，《民法通则》和《社会团体登记管理条例》、《民办非企业单位登记管理暂行条例》等等一系列法律法规也各有关于此方面的相关规定。

建立示范社区

相关定义

建立示范性社区是指在选择某个条件成熟的社区实践符合环保理念的生活方式或生产经营方式，通过实践建立其他社区学习的样板，以此倡导居民转变生产、生活方式，推广环境保护理念。

作用和意义

（1）将环保理念付诸行动。很多环保理念如节能、节水、低碳、垃圾分类、适度利用自然资源等与工业化倡导的消费、享乐的生活方式相冲突，因此把宣传的理念付诸行动，让大家看到环保的生活方式的优势，可以有效推动理念付诸行动。

（2）探索环保理念在实践中的可行性，通过实践发现问题，进行调整，总结出可操作的方法。建立示范性社区可以了解建立一个环境友好的社区需要多长时间、多少投入，需要什么样的管理运行机制等问题。这些问题的探索对于改善行政管理，建立环境友好的运行机制，有重要的意义。

（3）为公众推广和政策倡导树立样板。建立示范社区可以在提供环境问题的解决方案方面提高公众意识，同时有利于说服政府解决具体的环境问题。

工作要领

（1）制定建设目标，将环保理念倡导的生产生活方式细化成可操作的方法。

（2）民间环保组织与社区合作，植根于社区的草根民间环保组织可以直接申请立项，但要得到本社区的大力支持。

（3）在实践中根据目标不断对方法作出调整，及时处理实施过程中出现的各种问题。

（4）在实践中处理好社区关系，良好的社区关系是建立示范社区的重要保障。

（5）把项目做成可持续性的，同时不断推广扩大影响，增加示范社区数量，从而改善大环境。

案例3–17：“地球村”与大乘巷携手坚持垃圾分类十四年

“垃圾是放错地方的资源”。这句话现在已经广为人知，这和“地球村”十四年来在垃圾分类上作出的努力是分不开的。

1996年，一位美国的环保专家曾劝告回国不久的廖晓义不要去碰垃圾分类。根据他的经验，垃圾分类是最难的，美国搞了20多年的垃圾分类，还没有达到50%的分类率。如今，十四年过去了，廖晓义仍在坚持。当年的归国学者和电视制片人，成了动辄就谈垃圾分类、竭力推动垃圾分类的“垃圾大嫂”。

廖晓义至今还记得，当年在中关村一条主要街道的公共汽车站旁边，那座大大的垃圾堆已经够刺眼的了，更刺痛她的心的是，来往路人那些熟视无睹的目光。在垃圾堆旁等车的人、来来往往的行人，似乎都没有看到这堆垃圾的存在，人们对此没有行动，甚至没有抱怨。

另一件让廖晓义大受刺激的事是“洋垃圾事件”。1996年洋垃圾冒充进口废纸闯入北京，激起了国人的义愤，然而廖晓义心中更多的是羞愧。我们为什么要进口废纸？中国人均森林资源匮乏，需要用废纸作为造纸原料。可是中国的废纸回收率很低，不得不大量进口废纸。仅1994年中国就进口废纸7万余吨，花去外汇近1 亿美元。不光是废纸，中国每年都在进口其他种类的垃圾作原料，这其中的一个重要原因，就是中国尚未建立起自己的垃圾分类和循环经济系统。她和她的伙伴们通过调查了解发现，仅1995年北京市的垃圾清运量就达300多万吨，如果全堆在一起可以超过两座景山。这成千上万吨的垃圾山，都是放错了位置的资源。有良知的中国人，不仅会为洋垃圾而义愤，也该为土垃圾而痛心。

廖晓义也因此找到了污染治理和生态建设之外的环保事业的第三领域：将环保引入大众生活，倡导绿色生活方式。廖晓义和几位也是从国外回来的同伴们一起回忆中国垃圾分类的历史，分析国外垃圾分类的机制，呼吁国人“把垃圾分类的老传统捡回来”，“绿色生活，从垃圾分类开始”。

廖晓义自愿放弃了美国绿卡，要留在中国搞环保，1996年，她创办了非营利性民间环保组织——北京地球村环境文化中心。从此，地球村与垃圾分类结下了不解之缘，地球村的“村史”也就与中国的垃圾分类进程紧紧连在了一起。

在地球村推动垃圾分类的过程中，建设示范社区是一个多次用到的方法。

位于北京市西城区赵登禹路的大乘巷社区是一个在城市地图上很难找到的小社区，全区共有住户300余户，1 000多口人。但它作为中国的“垃圾分类第一院”留在了中国公民环保的史册上。

垃圾分类试点小区的建立和实施至今是与当地社区的一位陈淑芬老师分不开的。

“20世纪90年代初，随着国人经济水平的好转和生活质量的提高，生活垃圾的产量也增高了，尤其是一些白色垃圾，冬天大风一吹，塑料袋满天飞，废纸片什么的刮得到处都是，出去都睁不开眼。”回忆起当时的情况，今年70岁的陈老师仍然记忆犹新。

但当时人们都觉得改善环境是政府的事，并没有意识到自己也可以参与进来。后来北京地球村在电视台上一个关于居民垃圾分类的节目引起了大乘巷居民的注意。小区一位叫王庭蕴的退休教师找到了地球村，找到了廖晓义，说她所在的社区家委会和居民愿意尝试垃圾分类处理，而此时地球村也正想寻找一个小区进行试点实施，于是廖晓义和她的同事便到大乘巷进行演讲示范。经过十余天的准备，没有垃圾桶，家委会成员便拿出自己的年终奖购买了几个红色的塑料桶。1996年12月15日开始实行分类投放。三个红色的塑料桶矗立在小区内，成了中国改革开放后第一个实施垃圾分类的小区。

刚开始，许多居民觉得太麻烦不愿分，参与率只有20%左右。陈淑芬和几位热心的大妈大婶逐家逐户进行发动，宣传实施垃圾分类的好处和意义。一段时间后，居民们从不习惯到习惯，再到习惯成自然了。居民们说：“垃圾分类确是举手之劳的事，而且这是利国利民，功在当代，利在千秋之事，我们何乐而不为呢！”现在他们又在琢磨着尝试社区堆肥，将厨余生物垃圾做成肥料。

西城区教委其他五个教师住宅小区1997年在大乘巷小区的倡议下都开展了垃圾分类。参与垃圾分类的住户越来越多，70%多的住户参与进来，他们共收集废塑料7 000 多公斤，废纸6 000 多公斤，减少垃圾量13 吨左右。

垃圾分类第一院，从1996 年开始垃圾分类，如今已是第十四个年头了，家委会主任换了一任又一任，但是垃圾分类仍然是家委会工作的一部分。2007

年大乘巷曾被评为“北京市生活垃圾分类示范”单位。廖晓义常打电话询问社区情况，现在就任的崔主任说：“垃圾分类还分着呢，分类成了习惯，不分类反而不习惯了。”“我很感动，十四年了，日复一日，年复一年，他们坚守的其实是公共环境安全的防线，他们是真正的英雄！”廖晓义说。

案例分析

和许多环境倡导方法一样，建设示范社区需要依靠社区居民和居民领袖，本地居民的支持是建设示范社区基础。选择在哪里建设示范社区是一定要考量当地居民的支持程度和参与能力，有当地居民的支持，才有可能克服种种困难，取得成绩，周边的社区很自然就会受到影响。同时在不能完全依赖自然影响，还要通过媒体放大、政府支持等方式，将影响放大。现在在北京的地铁、电视台经常可以看到垃圾分类的公益广告，这些和地球村以及之后加入的民间环保组织多年来对垃圾问题的关注是分不开的。

在另一方面，对于社区建设中发现的问题，必须正面面对，找到可行的解决方案，如果实践不能取得成功，就不宜推广，要找出问题所在，追问问题的根源，否则盲目推广就会浪费人、财、物力，并可能产生不好的效果。

在示范社区的建立过程中，民间环保组织在初期要做大量工作，推动工作展开，同时要有退出机制，在社区能够将倡导的方法有效运转起来之后，民间环保组织应该适时退出，把今后的工作交给社区。

参与协议保护

相关定义

协议保护（Conservation Steward Program，简称CSP）是一种对公共自然资源，特别是生态资源如林地、湿地、草原等保护的实践模式。它强调以当地社区为主体，通过提供生态补偿的方式来激励社区采取积极的保护行动，以平等协议的方式来约束保护要求方和保护提供方的权利，以达到约定的保护成效。协议保护通过在中国西部的青海、四川等区域实践，证明这是能够促进社会参与、提高保护成效的有效方法，同时也是对生态补偿机制中补偿方

式的探索。❶

作用和意义

（1）在保护自然环境的同时，不致剥夺当地居民的土地权利，改变当地居民的生活方式，在本地居民中培养具有领导力的绿色领袖。在自然环境维护良好的地区，本地居民一般都有与环境相适应的信仰或文化习惯，建立保护区的同时动迁居民一方面解决本地居民的生计要花费很多力气，一方面破坏了本地居民与环境间长期形成的良性互动关系。

（2）增加自然保护的主体，改善环境保护的政府部门和民间组织孤军奋战的状况，改善一些保护区环保部门与当地居民的对立状态。

（3）扩大保护区域，在一些非保护区，但极具保护价值的地方通过社区保护实现保护的目标。

（4）保护成本低廉，协议保护的成本非常低，只需给当地人很少的经费，不需要建设保护区基础设施，雇佣大量人力，就可以实现保护效果，同时可以让当地人从保护环境中受益。

工作要领

开展“协议保护”的基本步骤如下：（1）进行选点和可行性分析，即权衡某个地方是否合适做“协议保护”。“协议保护”要充分考量当地的生物多样性保护价值，当地社

图3-10　措池村与三江源自然保护区管理局签订保护协议

❶ 本定义由北京山水自然保护中心提供。

区、民间组织或其他社会力量的保护意愿和能力，当地政府、自然保护区等保护主管部门的能力，取得各方对“协议保护”的理解和支持。（2）沟通协商，保护主管部门与保护承诺方通过沟通协商建立起合作伙伴关系，对将要合作的“协议保护”的工作内容和程序达成共识。（3）设计和签署保护协议，用协议规范保护主管部门与保护承诺方之间的关系。保护协议包括资源使用者们实施的保护行为，并因那些行为而应获得的生态补偿回报；监测保护行为实施情况的方法，以及相应的奖惩规范。协议保护必须重视协议的作用，认真推敲协议，保证切实可行，开始执行后，就要维护协议的效力，建立信用是做好协议保护基础。（4）组织实施，承诺保护的一方要有具体的保护措施，协议各方可以邀请专家学者共同研讨实施方法，给承诺保护的一方提供必要的支持。（5）进行评估。项目过程中和终期进行项目执行和成效的评估，根据评估结果保护主管部门依协议兑现保护承诺方奖惩，双方在专家学者和保护组织的建议下改善后续的保护工作。

案例3–18：三江源措池村“协议保护”试点

三江源保护区位于青藏高原腹地，是欧亚大陆上孕育大江大河最多的区域，是长江、黄河、澜沧江的发源地，同时也是藏羚羊、野牦牛、藏野驴、雪豹等珍稀野生动物的家园，总面积达到15.23万平方公里。 而措池村则座落在海拔4 600米的长江源头。

2006年，三江源自然保护区的措池村开始探索“协议保护”。之所以选择在措池村开展“协议保护”试点，不仅因为这里是“野生动物的乐园”，分布着藏羚羊、藏野驴、野牦牛、白唇鹿、雪豹等国家一级保护动物，而且因为这里有着保护生态的良好基础。早在2002年，措池村就自发组织了13人的生态保护小组，其主要工作是纪录当地见到的野生动物种类、数量，制止外来人员盗猎野生动物。2004年12月，在三江源生态保护协会的协助下，措池村成立了“野牦牛守望者”协会（Friends of Wild Yak Organization），村民开始进行野生动物监测。同时，当地的寺院然仓寺也积极加入到保护宣传中，增强了当地人的保护意识。

2006年9月，“协议保护”首次被引入三江源地区。这是一种在不改变土

图3–11　青海措池野牦牛守望者在进行野生动物监测

地所有权的前提下，通过协议的方式，将土地附属资源的保护权作为一种与经营权类似的权利移交给承诺保护的一方，从而确定资源所有者和保护者之间责、权、利的生态保护方式。该协议签署方分别为青海省三江源国家级自然保护区管理局、保护国际（CI）、三江源生态保护协会和玉树州曲麻莱县曲麻河乡措池村村委会，协议实施一期为2年，总投资30万元。项目目标是在两年的项目实施时间内，力争使野生动物资源及其栖息地得到保护；野生动物种群数量得以恢复；生态系统的整体功能得到改善。同时，建立完善的社区监测机制，社区的保护能力和资源管理能力得到提高，社区生态保护意识得到提升，社区社会经济得到发展。

协议规定，三江源国家级自然保护区管理局负责组织专家对协议保护地进行保护规划、对协议保护地的保护成果进行定期监督和评估，有义务为措池村村委会提供能力建设、政策支持、技术指导等帮助，并提供每年2万元的奖金；措池村村委会按照保护规划对协议保护地进行保护，通过制定资源管理制度约束自身的资源利用行为，制止任何外来的采矿、挖砂、盗猎、越界放牧等活动，并对协议保护地进行定期监测、巡护，做好监测纪录。

图3–12 青海措池村协议保护项目中开展生态文化节

协议保护的关键是将资源保护权授予愿意进行保护的一方。2006年，协议保护项目在措池村进行摸底调查时，该村的一位村民曾说出了他们对保护权的高度重视。他说："你们来开展项目当然好了，有钱投进来嘛，谁不喜欢呢？但是相比钱来说，我们更渴望的是权力，资源保护的权力。当我看着有人到我们的神山上来打猎，到河里面来淘金，而我们却没有权力去制止的时候，我们的心里是最疼的！"所以，通过协议三江源保护区管理局将措池村范围内2 440平方公里区域的资源保护权授予措池村村委会，由措池村组织并开展对此区域的监测巡护工作，三江源保护区管理局主要提供技术及资金支持。保护协议签署以后，在三江源自然保护区管理局的支持和三江源生态保护协会的协调下，邀请来自北京大学和中国科学院成都生物研究所的有关专家到实地进行考察和指导。通过科学家、牧民和当地民间环保组织共同讨论乡村生态监测内容和方法，逐渐形成了适于当地牧民的生态环境监测方案。

图3-13　青海湖-刚察县协议保护项目公贡麻村年终总结暨保护先进个人表彰

项目开展的两年中，措池监测巡护队——野牦牛守望者协会共同制止四次外来人员的盗猎事件。另外措池村民通过监测，理解了野生动物的迁徙及活动规律，他们划定了五个野生动物保护小区、13个水源保护地、让出三条野生动物迁徙通道、在野生动物繁殖及迁徙期划定三块季节禁牧区、划定三块永久禁牧区、另外措池村还开展了六项关于当地气候变化的监测工作。

在协议实施一年及两年期结束时，由三江源保护区管理局组织第三方专家对措池村的保护成效进行两次评估。生物多样性专家主要评估是监测工作的计划执行情况、监测人员的工作态度和工作技能以及监测数据的有效性、科学性等内容；社会经济专家则采取入户访谈的形式，依据社区问卷表、半结构式访谈提纲和针对监测巡护队员的访谈提纲进行访谈，访谈提纲主要涉及对协议保护项目的了解程度、保护制度的执行情况、协议保护项目给社区经济带来的变化以及针对协议保护项目的建议等。在第三方评估通过后，保护区管理局为措池村发放每年2万元的保护成效奖金以支持小学建设、改善医疗条件和通讯状况、开展生态文化活动。

案例分析

保护自然环境与保护长期与环境共处的本土文化有重要关系，这也是协议保护的重要价值所在。

通过协议保护的方式，促成当地乡村社区（当地资源使用和实际保护者）和政府（资源所有者和法定保护者）签订保护协议，政府为社区赋权，社区完成双方商定的保护目标，得到生计、文化、政策等多方面支持。保护协议的签订使政府在扶贫、发展、生态保护方面的工作可以和生态保护的目标具体结合，是生态特区的雏形。

小贴士

一

从国际经验看，通过直接支付补偿金的方式来保护栖息地和野生动物资源可能会便宜得令人吃惊。因此，许多环境保护工作人员感兴趣的地区，往往是经济发展滞后的地区，除环保外，其他的土地利用方式所能产生的纯利润都很少。比如，在中等收入水平的国家——哥斯达尼加，每年付给当地居民保护每公顷森林的费用约为35美元。而且还有很多的当地居民愿意签订保护合同，这表明35美元每公顷每年的费用已经足够了。在肯尼亚，世界自然基金会通过租赁的形式，以每英亩每年4美元的补偿金，来保护野生动物的迁徙通道。

二

本章的案例举的是当地居民有较强环保意识的地区，但并不是说协议保护只能在这种地区推行，即使在当地居民与环境保护有对立的地区，让居民参与到环保中来，并从中受益，也有助于环境保护工作的开展，解决环境保护的一些顽固问题。在一些通过禁止性法令进行保护的地区，居民和检查部门、环保工作者形成尖锐对立，甚至环保工作者会陷入“人民战争的汪洋大海”，在这种地区，单纯依靠检查打击无法解决问题，而与当地居民合作，并委托当地居民参与保护，让居民从保护成果中受益可以明显改善这种状态。

第四章　策　略

第一节 关于策略

什么是策略

策略是达成目标最有效的方法。第三章我们讲了大量环境保护倡导的方法，这些方法怎样运用这就涉及到策略。方法的运用不是生搬硬套就可以的，如果没有策略，可能会处处碰壁，很快败下阵来。

曾经有一个民间环保组织，想就当地的化工厂污染问题鼓动居民打官司，但是除了鼓动之外，并没有调查取证，也没有对污染的影响做分析研究，而当地居民虽然深受污染之苦，还是没有人愿意出面诉讼。这个组织闹了一段时间，见无人响应，灰心丧气，而化工厂和依靠化工厂税收的地方政府，和这个组织之间的关系非常紧张，很快政府出面取缔了这个组织。这就是盲目行动的结果。

所以，在民间环保组织制定出目标后，应该分析利弊，充分了解面临的问题，同时分析自己的资源、优势、劣势，判断自己能够在多大程度上解决问题，而后寻求有效的解决途径，并且实践这种途径，达成目标。

制定策略的价值

在我们做自己不熟悉的事情时，我们常常提到的一句话是："摸着石头过河。"现在很多民间环保组织开展工作时也会这样做，当然过河总比不过要强，但是，如果能找到过河最好的方法，第一可以保证你能过河，不致掉在河里被水卷走或者半路退回来，第二可以安全、快捷地过河。这就是制定策略的两主要价值：可以产生好的效果和提高效率。

效　果

对效果的影响是民间环保组织制定策略的另一个重要的意义。同样是反对污染，绿色汉江、淮河卫士的工作效果就比前述的那个案例好得多。同样的事情，有的组织做得到，有的做不到，我们就要研究为什么？他们采取了怎样的策略，关于“绿色汉江”和“淮河卫士”在治污中采用的策略会在第二节具体谈到。

效　率

民间环保组织的资源有限，这是几乎所有民间环保组织都面临的问题，以较少的投入，办成更多的事情，就是效率。

比如在政策倡导时，什么时候和政府沟通？怎样沟通？正面沟通还是通过媒体隔空对话？这些都要通过分析进行选择，如果选择的方法不当，花费大量的人力物力财力，做了大量的工作，可能你的声音根本没有达到直接分管的政府部门，形成雷声大雨点小的局面，这样的倡导就很难成功。而相反，有些民间环保组织，如绿色流域进行水电问题倡导时，及时和其他民间环保组织建立联盟，抓住机会召开由政府部门参加的研讨会，就使他们的工作直接有效，产生了实际的影响。

策略怎样制定

大多数环境保护倡导的方法都需要首先进行充分的调查研究，以调查研究为基础展开工作，而策略的选择，则更多依靠调研基础上的分析，这里面主要需要分析几个方面：

（1）面临的问题到底是什么？环境损害的实施和受害之间确切的关系是什么？比如说，草原荒漠化问题，有很多民间环保组织积极植树，但是荒漠化是不是树少造成的？在干旱地区植树，对环境的影响到底是什么？会不会改善环境？还是会进一步加重环境压力？这需要对问题有充分的认识和研究，有时候，认识和研究本身可以成为环境保护倡导的阶段性目标。

（2）自己的组织能做哪些事？有很多环境问题压力巨大，对它产生影响像搬山一样。比如：全球气候变暖，世界各国首脑召开多次国际会议都无功而返，作为民间环保组织在这之中能做什么？自己能够在多大范围内产生影响？自己具备哪些能力可以影响别人？有哪些资源可以调用？这些都需要进行充分的分析。

（3）将要进行的倡导是在一个什么样的环境里进行的？这需要了解你倡导的对象对环境问题的认识程度？接受程度？利益相关方的认识程度？接受程度？相关企业对社会责任是什么态度？相关政府部门的认识水平？行动能力？直接受益群体的觉醒程度？参与意愿？公众对这件事情的态度？

（4）法律许可的行动范围是怎样的？哪些事是合法的？哪些是法律赋予的可以行使也应该行使的权利？

经过充分的分析之后，就可以制定行动策略。现在，我们分享一个案例，看看这个案例的策略制定过程。以及由此产生的结果和影响。

案例4–1：云南“绿色流域”在维护水电移民权益方面发挥作用

背　景

中国是水坝建设最多的国家。建国60年以来建设的水坝达8万多座，大型水坝达2.2万多座。水坝建设提供了电力、灌溉、饮用和生活用水、航运、旅游等利益。然而，这些水坝也造成了大量的让人不能接受的环境和社会影响，损害了大型开发项目和政府决策公信度。

本世纪以来，新一轮水电开发集中在中国西南大江大河的上游，水坝建设更趋于大型化，移民规模前所未有。在大江大河上游建设和正在规划近300座大型电站，将对上游脆弱的生态环境产生不可逆转的影响。2002年颁布2003年9月正式实施的《环境影响评价法》把大型工程纳入环评和审批范围。环评法提倡从战略、政策和源头开始关注环境影响，增加了专家和公众参与环境影响评价的内容，规定了公众参与的范围、程序、方式和公众意见的地位。但《环境影响评价法》不能代替社会影响评价。建国60年来我国建设水坝造成1 600万移民，约有近半数仍生活在贫困中，新建水坝是否将进一步造成大量移民和贫困化问题？在发展西部经济的口号下，十五规划提出大力发展水电和西电东送。过去作为公共事业的水电业也开始商业化、公司化，水电集团为其商业利益开始西部“圈水运动”。

中央也在这时提出全面建设小康和和谐社会及以人为本，全面、协调、可持续发展。在政府治理方面提出提高治理水平，政治文明，决策科学和民主。然而，要达到水电开发和社会公平，就不能不考虑移民的利益和权利。中国还没有水坝的社会影响评价制定，移民规划没有移民参与。在这种状况下，西部弱势人群将可能进一步贫困化，水电发展也难以持续。我国在1991年曾颁布的《大中型水库移民安置条例》一方面在执行上没有很好地落实现有的移民政策。另一方面，部分政策已经不能适应国内快速市场化的形势。在移民利益补偿和参与权方面也距离中央提出的科学发展、和谐社会相距甚远。

项目启动和前期分析

“绿色流域”组织于2002年开展了漫湾电站移民的社会影响评价工作，并意识到社会影响评估是一种更加积极的制度安排，是一种更加理性的、系统的、预警性研究和移民利益表达。它既利于水电的可持续发展，又利于社会公平和稳定。调查中，“绿色流域”设立了两个目标，通过调研，反映移民生活困境，争取移民补偿，及提出建议改善移民政策。调查报告后来通过新华社内部参考递达中央领导。

2003年，“绿色流域”决定进一步倡导对水电和大型工程社会影响评价的政策建议。为此，“绿色流域”对水电开发及政策进行了研究并形成倡导的计划。

“绿色流域”对政策倡导对象进行了基本分析。首先，水库移民的政策制定权在中央领导人和国务院，而人大、政协、发改委和环保部门和水电业界有建议权。可以影响和推动决策的人和机构可以包括:人大政协代表、思想库（中国社科院等），水电业界（水电集团和咨询公司），移民群体、民间组织（后两者相对弱势）。

根据当时的社会环境分析，“绿色流域”发现开展水电倡导方面的一些机遇和问题：

（1）中央的决策者针对水电移民所取的立场：移民要能搬得出、稳得住、逐步能致富，当地经济快速平稳发展并构建和谐稳定的社会。地方政府一方面开始提倡构建和谐社会，逐步关注弱势群体和社会公平问题。另一方面，仍然是GDP至上，追求政绩，认为“市场万能”。特别是云南省党委政府把水电定为发展支柱产业，并要求全党全民统一认识。

（2）水电业主一方面要顾及企业形象和声誉，履行企业社会责任，许多水电项目声称：水电为了当地的扶贫，另一方面追求利润最大化，社会成本埋单最少化。

（3）受水坝影响社区一方面维权意识正在提升，问责移民政策，另一方面长期面对水电开发势力的压制和风险，忍耐等待更好的政策。

（4）如何解决快速发展和社会稳定问题是社会公众极为感兴趣的领域，特别是那些有责任感和社会良心的大众媒体都表现十分关注移民状况。

（5）民间环保组织包括全国性的和地方性的，也十分积极参与西部开发和保护问题的讨论。

（6）西南是生物多样性丰富的地区，三江并流世界自然遗产地，在这里开发水电已进入公众视野，引起较大的社会反响。

（7）2003年以后，国内公共政策舆论监督开始活跃，讨论水电开发政策有了较大空间，国家环保局召集专家和民间环保人士讨论怒江水电开发问题，表明环保部门欢迎民间舆论压力的态度。

经过调研，“绿色流域”认为以漫湾电站调研事实，以改善移民政策和移民待遇为切入点，进行倡导，有较好的立足点。倡导的对象为中央政府有关部门以及水电集团，目标是提高移民补偿，并改善移民条例。由于许多环保民间环保组织 更加关注怒江保护，怒江保护和倡导怒江水电环境社会影响评价也成为“绿色流域”的倡导目标。

图4-1　云南生态网络——国外游客参与植树活动

项目实施

2003年8月初，“绿色流域”与云南大学共同主办了漫湾环境影响和社会影响调查报告会。

2003年10月，“绿色流域”前往怒江考察，接着又与国家环保局官员会谈。

2003年11月到北京进一步了解环保民间环保组织 的态度并结成倡导盟友。“绿色流域”与中国社科院、自然之友于2004年1月在北京举办怒江和漫湾环境和社会影响研讨会，以获得思想库的支持并进一步影响决策者。具体采用方法包括：民间环保组织 公开讨论、举办水之声论坛、三江并流图片展，在媒体合作方面，接受报刊、杂志、CCTV采访、网络讲演，组织媒体访问怒江。

在移民当中，“绿色流域”组织移民培训班、三江并流移民社区互访、“照片之声”活动、安排移民代表参加“联合国水电与发展北京论坛”，在论坛上发出自己的声音。

为了增加民间的声音，2004年国内几家民间环保组织组成倡导联盟：中国河网，这个联盟的成员包括：绿家园、自然之友、地球村、公众与环境研究所、野性中国、中国发展简报、绿色流域等。联盟成员贡献各自的资源展开活动，进行了社区行动、联系媒体进行报道、给中央递联名信等工作。“绿色流域”为这些行动设定的评估指标为：移民得到补偿、获得知情权、参与权并改善移民条例；移民通过参与倡导增强能力；逐步形成引导“水电善治”的民间环保组织倡导联盟。

倡导的果实

最后倡导果实如下：

（1）2004 ~2007年，漫湾移民获得8 000万元的再补偿项目。

（2）2006年国务院颁布新的移民安置条例，增加了移民后期扶持年限，增加了移民参与移民规划和移民的知情权和监督权等等条款。

（3）2006年社会影响评价以工程可行性报告撰写指南形式得到确认。

（4）怒江水电和虎跳峡电站依然搁置。

（5）环保民间环保组织 的倡导活动和参与环评活动更加活跃。

在这个案例中，大量的工作是前期的调研和分析工作。在充分了解了项目背景、舆论环境、面临的实际问题之后，“绿色流域”选择了较小的切入点“改善移民政策和移民待遇”，对水电问题进行影响。水电系统是个非常有实力的系统，对他们产生政策影响很不容易，由于绿色流域先期工作充分，从一个比较容易实现的切口进入，随着工作深入，不仅达成了直接的目标，而且对宏观政策和社会舆论环境产生了影响。

第二节　推荐策略

环境保护倡导的具体策略非常多，本章只提供几个最常用到的策略作为推荐。

寻找合适的切入点

很多环境问题大都有影响范围广，复杂性强这两个特点。每个民间环保组织可以根据自己的能力和特点从不同的角度，解决问题。选择切入点的方法很像下围棋，你走一步，对手也走一步，很忌讳四面出击，没有重点，而此时由于对你的防范，对手竖起了铜墙铁壁，就是下棋人常说的把对方“走强了”，如果形成这种局面以后的工作就很难开展。

工作方法

（1）充分调研，尽可能了解全面的情况。

（2）分析需求，找到紧迫的环节。

（3）分析自身优势，选择自己力所能及的事情入手。就像前述的绿色流域的例子，最初入手的地方只是漫湾一地的移民待遇问题，相对来讲，可以有针对性地具体解决。

（4）切入点最好是比较容易被公众和政府所接受的。2000年代初期的几年，人们对水坝对生态环境的影响认识还比较模糊，但是对移民经济利益的影响比较敏感，由此，选择改善移民待遇，就是比较好的切入点。而移民待遇直接关系建坝的成本和合理性，由此可以推动人们讨论和关注更深入的问题。

（5）脚踏实地，选择实际要解决的具体问题而不是概念性问题进行干预。通过干预具体事情，影响人们的观念。

图4-2　云南生态网络——香港游客在湿地捡拾马粪

本节案例可以参看本章第一节“绿色流域”如何进行水电移民政策改善，影响水坝建设的案例。

推动公众

推动公众参与是环境保护工作中的核心问题。没有公众的参与和支持环境保护倡导工作就没有价值，也不会成功。推动公众包括推动本社区公众参与和推动更广泛领域公众提高意识两个方面。

在推动本地社区方面：环境保护的最终受益人群是当地居民，环境破坏事件的直接受害者也是当地居民，能够长期、持续地对环境进行监控、对污染和破坏事件进行监督和及时回应的也是当地居民。动员当地居民参与环境保护，可以从根本上解决很多人与环境的矛盾，让当地居民从良好的环境中受益，在环境破坏事件中得到赔偿可以有效遏制环境破坏。

在推动广大公众方面：全球性、全国性、地区性环境事件同样需要公众的参与和关注，每一个人行为的改善都会推动整体向好的方向发展，如：低碳生活方式、节水、垃圾分类等。另外，公众环境意识的提高，环境知识的普及，可以使面对具体问题得到来自公众的有力支持。

图4–3　云南生态网络——游客们在了解低碳知识

推动本地社区

当地居民与环境的关系有几种不同的情况：在有些地区环保部门和当地居民关系十分对立，当地居民灭绝性捕捞、捕猎珍稀野生动物、伐木、掠夺性采集草药无法遏制，环保部门和环保组织长期和居民“斗争”。经过多年的“斗争”，很多民间环保组织都发现这不是解决问题的办法，要解决当地的生计、引导居民生活观念转变，并尽可能使居民从保护中受益，使本地居民转化为保护的力量才能解决问题。

另有一些地区居民传统的宗教观念和生活习惯对环境保护十分有利，而政府部门传统的环境保护方法对此却一直忽视，甚至在实施保护时损害居民权利，这时应尽最大努力给当地居民支持，采用协议保护等方法，落实居民保护本地环境的权利，并帮助他们获得舆论和政策支持。

还有些地区，本地居民是环境破坏的受害者，但是他们很可能有长期上访、诉讼不见效果的经历，对环境保护的态度转为冷漠麻木，这种地区，要努力取得他们的支持，并努力使他们看到希望。

面对这些问题，具体工作时可以从以下方面努力。

图4-4　云南生态网络——家访

工作方法

（1）进行实地调查，深入了解当地情况，利用调查的机会和当地居民建立信任、逐步沟通，用真情打动当地社区居民。

（2）为当地社区居民办实事，解决他们的实际困难。

（3）对当地社区居民进行组织培训，使他们了解环境保护的知识，增强环境维权意识。

（4）通过外围活动做出实际改善，促使居民建立保护环境的信心。

推动广大公众

推动广大公众提高意识，加深认识，参与环境保护，是个长期战略。推动的方法主要是各种教育宣传活动，第三章第四节已经讲过，此处就不做赘述了。需要注意的是，环境保护的倡导者首先自己要弄清楚什么是正确的环境理念，避免盲目行动。

案例4–2："绿色汉江"发动村民参与，共同应对唐白河污染

问题由来

唐白河是汉江中游的最大支流，流域行政区划分属河南、湖北两省，系发源于河南伏牛山的唐河和南召县的白河在湖北襄樊市襄阳区交汇后形成，因此得名。自20世纪90年代初以来，污染不断加剧。原本清澈的白河，水质严重恶化。根据"全国省界水资源质量查询系统"（水利部水文局编制）查询豫—鄂交界的白河水质深度污染，属劣V类。白河中下游污染的主要污染源是地处上游的南阳市的排污。由于近年来的污染，白河的水已基本丧失了水体功能，唐白河特产名贵白鱼在白河中已基本绝迹，生物多样性遭破坏。此外，由于河水污染严重，恶劣的水质已经威胁到了居民的身体健康。

唐白河在湖北省境内距丹江口水库大坝下90公里处的张湾汇入汉江，因此唐白河直接关系到汉江中下游水质。加上南水北调中线工程竣工调水后，预计汉江径流将减少1/3，水环境容量减小，自净能力降低，纳污能力降低，汉江水污染防治和生态保护工作难度加大，唐白河水质污染的影响会变得更大。

2004年4月，"绿色汉江"策划组织了"徒步唐白河环保行"活动。进行实地调查，亲眼看到唐白河的支流白河变成了黑河。此后，"绿色汉江"加大了对唐白河污染问题有针对性的水质监测力度。至2007年8月22日，38次走白河（南阳以下），42次进翟湾村，开展各类实地调研、检测，累计行程达7 280多公里。

图4-5　在观音阁污水处理厂察看

图4-6　绿色汉江（1）

图4-7　绿色汉江（2）

翟湾村地处鄂豫交界处，是白河进入湖北省境内的第一个村庄，隶属湖北襄阳区朱集镇，下辖5个村民小组，700多户，3 400多口人，全村2、3、4组傍河而居，1、5组距河稍远一点，由于白河水严重污染，还未走近河边就腥臭扑鼻，河床已染成黑色河水常年是劣五类，村民不堪其苦，河水，人、畜不能喝，鱼不能养，庄稼不能灌溉。近四年多来，该村有100多人患病死亡。据村长介绍，其中大部分死于癌症，该村村民不吃腌咸菜、不酗酒，死亡率明显高于襄樊市平均死亡率。朱集镇沿白河边翟湾村以下的王集、潘湾、刘湾等8个村庄村民也饱受水污染之苦，20世纪90年代末以来发病率远远高于其他地区。由于唐白河的污染属于河南和湖北两省之间的跨界污染，因而问题特别复杂，解决难度特别大。

给村民办实事

在发现翟湾村公共健康问题后，“绿色汉江”决定与襄樊市政府水行政主管部门水利局合作，为因受水污染而饮用水质极差的翟湾村村民打一口深井。积极发挥自身优势，向世行“中国发展市场”申请，几经努力，为村民安全饮水争取到3万美金，并推动促进了省、市政府拨出款项，为翟湾村打了一口深井。2006月6月，全村村民已经饮用上安全的水了。打一井救三村，翟湾村富余的深井饮用水还可供王集、黄岗村6 000多村民。

2007年，市水利局再次向省、市政府、省水利局汇报,再给白河沿岸其他村庄打深井. 在2007~2008年可以全部解决白河沿岸2公里以内的20多个村庄25 500多村民的安全饮用水。

2007年，经“绿色汉江”半年的努力，争取到日本政府 “利民工程”无偿捐助1 000万日元，“襄阳区朱集镇刘湾村安全饮水工程”建设项目，共投资355万元，其中除日本政府援助外，地方配套293万元。兴建一座日供水2 000吨的自来水厂，2008年12月2日，“中日友好刘湾水厂”峻工,解决了朱集镇刘湾、三合、袁湾、郝湾、潘湾、路庄6个村、2 826户、12 117人的饮水安全问题。

村民能喝上深层地下水了，情况却并不乐观，这只是救急，地下深层水本来应留给子孙用，守着村旁一条大河，为什么不保护好用来饮用，浇灌庄稼和养殖呢?

发动村民，形成永远留守的环保队伍

“绿色汉江”意识到民间环保组织不是救世主，只有当地的民众行动起来，自发地保护身边

图4–8　绿色汉江（3）

的河流和环境，使白河变清、生态环境保护才会有希望。

“绿色汉江”前几次进翟湾村，当地村民都用冷漠的眼光看着他们，村长也避而不见。但他们不气馁，继续锲而不舍的进翟湾村，继续不断的宣传。2006年5月25日，第17次去翟湾时，由于修路，道路泥泞，他们下车推行，直到下午1点40才进村，掏出自带干粮午餐，站在一旁的村长感动得落下泪水；6月17日，他们冒着37℃的高温，第18次进翟湾村宣传时，白天在村里空地上对村民进行宣讲，中午在小学教室吃干粮，晚上住在小学操场上，至08年4月，“绿色汉江”先后42次进翟湾村，没有让该村破费一分钱。通过不懈的努力，“绿色汉江”终于和村民的距离拉近了，村民的态度由不理采变为欢迎。翟湾村村长、村民，把“绿色汉江”的人看成一家人，经常打电话告诉他们村旁的白河水质状况。2005年12月29日，北京绿家园召集人汪永晨和环保咨询专家马军专程来樊调研，由“绿色汉江”负责人陪同进翟湾村时，村长已经等在村卫生室。见到他们后，村长拿出了村民们刚刚写好的“我们全体村民呼唤干净水”的呼吁书，恳请社会各界能帮他们打一眼深井。这一张新闻纸大小的白纸上面印着全村368人留下的一个一个鲜红鲜红的手印。这使同行的民间环保组织工作人员们更加认识到环境宣传的重要性，增强了紧迫感。

图4–9　在鱼梁洲污水处理厂宣讲

于是，2006年春“绿色汉江”又启动了 “呼唤白河清，建设生态村”的活动。4月8日以来，环保小分队分小组先后多次沿白河对襄阳区朱集镇翟湾村及其以下王集、潘湾、刘湾等8个村庄进行调查和宣传， 2006年6月，在宣传发动下，翟湾村、刘湾村，成立了由村干部、村民（其中包括两个村在白河渡船上的梢公）、教师、学生组成的水质监测小组，在白河边留下一支永远留守的环保队伍。

图4-10 绿色汉江（4）

图4-11 绿色汉江（5）

外部努力

除此之外，绿色汉江通过举办水污染图片展、给河南省委省政府写信、向政府呈递触目惊心的污染问题展板、通过媒体呼吁等等方法推动政府加大治污力度，使唐白河水一度还清。经过多方努力，唤起了当地居民对污染问题的重视，和对污染治理的希望。河南省一位大学生专门来信致意，在广东打工的一位青年来电话说：“我就是南阳人，亲眼见到当地如何向白河排污，如果你们要打官司，我可以作证。”

培训和表彰

2007年12月28日，绿色汉江举办了第二期“水质监测小组培训总结暨评比表彰会”（包括来自襄阳区白河边的翟湾村、刘湾村的村干部、村民、小学教师、小学生）10多位水质监测小组成员集聚一堂总结回顾一年多以来对白河和汉江的水质监测情况，大家通过互相交流对比，最后评比出刘湾村和为先进小组和刘双记、等4位先进个人，绿色汉江对其颁发了奖金和奖状。会议上，由市水务集团水质监测站站长（绿色汉江理事）作了有关水质监测的再次培训。各小组一致表示，2008年要学习其他小组先进经验，在原有基础上，争取做得更好，进一步为保护母亲河贡献力量。

图4-12　取水样

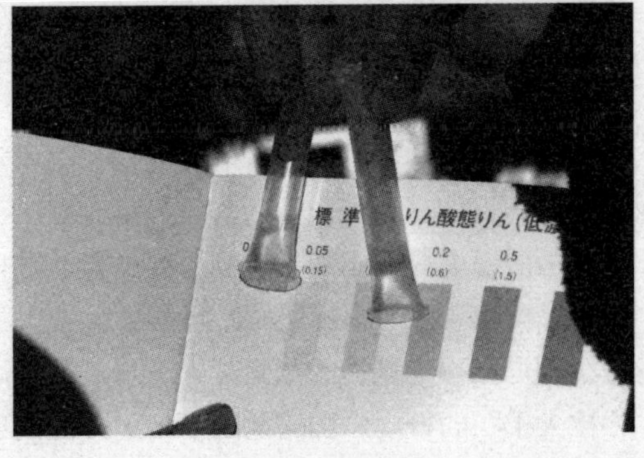

图4-13　测量水质

绿色汉江还在翟湾村所属

的朱集镇举办了“乡村干部培训班”，增强了村民的环境维权意识和环境意识，让白河沿岸村民了解保护身边河流的重要性，发动广大村民自己行动起来。保护白河水资源、建设生态新农村不能坐、等，要靠自己，成为当地村民和村干部的自觉意识。

案例分析

在这个案例中，绿色汉江组织徒步活动，进行实地调查，前后几十次进入翟湾村，这是和当地建立信任和沟通的基础。看到翟湾村的问题后，绿色汉江积极募款，为村民打井、建自来水厂，解决吃水困难，这对整个工作的推动影响巨大。绿色汉江组织多次培训和表彰，使村民了解了环境知识，增强了维权意识。而通过绿色汉江的努力，唐白河水一度还清，使村民们看到治污的希望。几方面的综合努力，最终使当地村民动起来，树立“靠自己”的观念，成为保护家门前的母亲河的重要力量。

案例4-3：辽宁环保志愿者联合会老铁山“小手拉大手”行动

辽宁老铁山自然保护区是重要的候鸟迁徙通道，大量的猛禽每年经过这里迁飞。根据中国的法律，所有的猛禽至少都是国家二级保护动物，不能捕猎。而当地居民一直有捕鸟的传统，各种捕鸟工具五花八门，辽宁环保志愿者联合会多年来协助保护区清理山上的捕鸟网具，抓捕鸟人。但是往往上午收走网具，晚上网子就拉上了。经过多年对抗，环保志愿这和保护区的人一到山上，田间耕作的农民就开始报信，一会儿功夫“环保来啦”的声音就会在大山里回响。

辽宁环保志愿者联合会的周海翔经过调查发现，这里的居民捕鸟并不是因为贫穷，当地是个富裕地区，每家都盖有两三层的小别墅，有果园和农田。他们对鸟的态度一方面来自经济诱惑，当地有很多卖鸟肉的餐馆，另一方面因为鸟对果树和庄稼的影响使村民心怀敌意。

周海翔决定从另外的角度入手解决这个顽疾，他采取了一个自己称为“小手拉大手”的行动，到当地的学校里宣传候鸟保护。他把自己拍摄的精彩照片制作成幻灯给学生放映，讲解老铁山候鸟的重要作用和生态价值，使孩子对家乡产生自豪感，成为宣传反对捕鸟重要力量，通过影响孩子教育家长，很快收到良好的效果。周海翔又从研究老铁山文化的角度入手，和当地村民打交道，逐渐获得村民信任，不少村民主动放弃捕鸟。老铁山捕鸟虽然还没有禁绝，但是保护工作已经获得很大改观。

案例分析

老铁山自然保护区和当地居民间进行了多年的对抗，效果很不好。而通过改善居民的认识，获得居民信任，改善了候鸟保护的总体面貌，这就是推动公众的力量。

环境保护和依存于环境而生的社区居民的根本利益是一致的，这一点非常重要。无论社区居民和环境之间处于什么样的关系状态，都要努力和他们建立信任关系，动员他们配合环境保护，并使他们在环境保护中受益，有社区居民的参与和支持环境保护才能持续、健康发展，同时，社区居民的参与可以大幅度降低环保成本，提高效率。

争取同盟者

作用和意义

做任何事情，都不可能孤军奋战，环境保护尤其如此。仅仅依靠环境保护专业人士的小范围努力是不够的，政府、企业、文化教育界、媒体、法律界中都有可能找到同盟者，由此扩大环境倡导的影响力，并且为改善现状找到转机和突破口。

工作要领

（1）寻找有合作基础的人和单位作为同盟，这些人和单位要么和你有共同的理念，要么有可以寻求的利益共同点。共同理念的建立需要一个过程，与有共同理念的人结盟最重要的一点在于主动寻找这些人，并且建立联系。而利益共同点是环境保护倡导中不必回避的东西，很多东西都可能是利益共同点，比如：得到保护经费、得到工作成绩、得到正面宣传、稳定当地社会秩序等等。争取有共同利益的人，并且结盟可以扩大了环境保护的影响范围，增强了倡导的实力。当然还要在工作中逐步影响，使他们成为有共同理念的人，以使结盟稳固。

（2）凡事有理有据都是非常重要的，在和其他机构和个人结盟之前，自己先弄清事情的来龙去脉，关键问题，症结，都是基本要做的功课。

（3）做好充分准备后，要主动联络、主动拜访、沟通，不要担心压力和不同见解。

（4）联盟关系建立以后决不是一劳永逸了，而是工作的开始，要长期交流，不断巩固，提升共识，巩固共同利益。

本章案例可参看第三章第二节，獾子洞湿地项目中“辽宁环境志愿者联合会”如何争取当地政府的支持，如何争取当地居民、媒体配合，共同保护獾子洞候鸟栖息地。

案例分析

争取同盟者是环境保护倡导行动中的重要策略，第五章会把这个问题提出来单独论述，此处只提供一些要领，希望能对大家提供一些帮助。

小贴士

文教系统是一个很有影响力的庞大体系，几乎和每个家庭息息相关，而且民间环保组织相对比较容易进入，为活跃教学内容，有些学校会主动邀请民间环保组织讲解当地自然环境、物种多样性等等。透过文教系统，可以影响下一代的思想和行为，同时可以通过孩子影响家长，实现社区教育。

法律界人士熟悉国家法律，熟悉维权的法律内容和程序，如果能够合作是非常有力的同盟者，和法律界人士合作容易碰到的问题主要是积极投身环境维权的律师大多已经官司缠身，而不关注此领域的律师很难为环境维权付出时间和精力。

新闻媒体是多年来环境倡导和维权的重要盟友，但是并不是所有的媒体人都值得信任，和新闻媒体合作共同的理念显得尤为重要。

政府官员是很多民间环保组织所回避的，但是在中国各种问题的解决都离不开政府官员，沟通和建立合作关系需要灵活、机智、传递理念、寻找利益共同点，但首先需要敢于破冰的勇气。

直接与间接接触相结合

作用和意义

与环境破坏方正面打交道比隔空对话更容易解决实际问题，另外在交往中可以了解环境破坏方的出发点甚至一些“苦衷”，和破坏环境的一方共同探讨解决问题的办法，采取实际行动有助于缓和矛盾、减少对立，增强实际效果。而间接接触可以避免正面交锋，避免面对面激化矛盾，同时间接接触有时会比面对面打交道更加激烈和直击问题要害。

直接接触的工作要领

（1）要有充分的、经得起推敲的事实依据。

（2）要通过各种渠道引起环境破坏方足够的重视。污染、破坏环境企业都存在着对环境问题不够重视的特点，不然就不会成为污染企业。因此要通过媒体宣传、调查研究申明利害，使企业处于公众舆论和政府环保部门的压力之下，有做出改变的愿望。

（3）要积极对话。在舆论压力之下，造成环境压力的一方可能会摆出自己的一大堆道理进行辩解，企业的辩解就是对话的开始，面对企业的辩解，不要怒气冲天，不要置之不理，而是要抓住机会，展开对话。

（4）找到直接的对话对象。不要和代理人打嘴仗浪费时间，要找到可以负起责任的人，正面接触。

（5）要为对方寻求出路。很多民间环保组织在长期和污染企业、破坏环境的机构处于对立状态后，感情上难以接受为对方寻找出路。但是将污染企业一棍子打死，往往打不死，反作用力会伤及民间环保组织自身。另外会引起企业众多利益相关方，包括地方政府、企业职工、职工家属的反弹，这些反弹甚至有可能改变公众的立场。因此在接触中要转变思维方式，帮助企业找到处理环境问题的更好的方法，通过实践这种方法使企业找到出路，达到多方共赢的效果。

间接接触的工作要领

首先，同样需要经得起推敲的事实依据；其次，需要有可以产生接触的渠道，比如媒体报道，要能够达到环境破坏一方的试听范围内，另外隔空辩论也同样不要和代理人浪费时间；再次，间接接触也要以解决问题为目标，抓住合适的实际，直接接触，推动问题从根本上得到解决。

案例4–4：多方努力共同保护百岔铁蹄马

2010年夏天，天下溪人与草原的吕妍和达尔问自然求知社的冯永锋一起到克什克腾旗调研，途经牧民宝音达来家，发现他和另一个牧民阿拉腾德利格尔借了6万元高利贷，购买当地数量稀少的百岔铁蹄马，百岔铁蹄马是蒙古马的一个类群，蒙古马在中国一共只有四个类群。当时两位牧民听说克什克腾旗准备禁止养马，担心这个品种绝种，自发出钱拯救。

回到北京以后，一个由关心草原的草根民间环保组织、媒体人士和一些爱心人士组成的“铁蹄马小组”自发建立，发起人主要是天下溪和达尔问两家民间环保组织的成员。在朋友圈中迅速帮助宝音达来募集到1万元捐款和5万元无息借款后，铁蹄马小组的记者、民间环保组织朋友再次到了草原，帮他们退掉了高利贷，并通过媒体把他们的故事传播开来。宝音达来和阿拉腾得力格尔继续买马，买到一匹种公马和四匹小公马驹，加上十八匹母马，形成一个非常勉强的能繁殖的群体。他们邀请了一位研究马的专家，一个也叫宝音达来的人，对他们的马进行了测量和登记，这位汉语都说不利落的博士热情地告诉我，他要给这些马建户口本。

到了10月份，宝音达来收到一封来自旗里的信，信用蒙古文写的，落款是旗政府，但没有公章，信上要求牧民要“保护草原”，而其中的措施之一就是“马全年禁牧”，牧民要把没有条件圈养的马全部“出栏”，每家只留一匹干活的马。

这时，来自广东的一位梁先生捐出5 000元，作为专项经费，支持天下溪和达尔问在北京联合举办一次宣传铁蹄马保护的沙龙活动。

这次沙龙活动把保护铁蹄马的两位牧民、芒来老师、蒙古学者贺希格陶克陶老师请到了一起，而内蒙古师范大学的生态学家海山老师也从呼和浩特主动赶来。

芒来，内蒙古农业大学的副校长、中国马业协会秘书长，是一个牧民出身的大学教授，父亲也是牧马人，从小在马背上长大。他上大学的时候学遗传学，研究猪的遗传基因，他自己说："中国所有有猪的地方我都去过。"虽然付出了巨大的努力，但他后来还是改研究马，因为这才是他的最爱。

谈到蒙古马也遗传特性，他说："蒙古马主要有几个国外的马或者现在人们培育出来的马不具备的遗传特性：第一，适应性特别强，耐寒。牛和羊每年冬天需要棚圈，蒙古马不需要，一年四季在草原上，抗寒能力非常强。第二，耐力强。蒙古族是牧民，每年开那达慕大会，主要的内容是赛马、射箭、博克，也就是摔跤。赛马主要是二、三十公里，甚至是四、五十公里，最远的一百公里这样长距离的比赛。这样长距离的比赛从起点到终点一口气跑下来，蒙古马也没有肺出血的情况。现在国际上一般是纯血马，一般就跑800米到3 600米，这样有时候还肺出血，蒙古马的耐力特别强。第三，蒙古马的性格特别温顺。蒙古人和马的感情是朋友关系，而且是牧区五畜中排第一，日常生活中，马是最跟蒙古人息息相关的，从某种意义上说，马已经成为蒙古人的家庭成员之一，它是不会说话的朋友。"

根据芒来老师的介绍，1975年，内蒙古有马235万匹，现在不到60万匹马，每年平均5%、6%的速度下降，而且主要是蒙古马。现在50多万匹马里，真正的蒙古马不到10万，其他都是国际的品种和国内培育的品种。蒙古马的情况已经堪忧。现存的蒙古马还有四个类群：乌珠穆沁马、阿巴嘎黑马、乌审的走马和百岔铁蹄马。现在前三种马已经建立了保种基地，国家每年下拨大量的保种经费，但是百岔铁蹄马的命运还没有确定，他相信，下一个蒙古马的保种基地就应该是百岔铁蹄马的。芒来在沙龙上介绍了国外马产业的情况，认为这是一个欣欣向荣的朝阳产业，只是国内没有开发出来，他认为马是大有前途的。

而海山老师则从生态的角度讲了马的价值，一是马的活动范围大，帮助草原进行养料交换，二是牧草有刺激再生机制，马吃过一茬的草更有营养。

沙龙上宝音达拉和阿拉腾得力格尔受到北京听众的热烈欢迎，他们也非常受鼓舞。赤峰电视台和内蒙古电视台对此做了报道。

他们回到草原上以后，又收到苏木（乡）草原站的文件，要求马全部出栏，并且最后的期限是11月15日。克什克腾旗200多牧民上书当地政府，用朴素的语言倒出马的文化价值和生态作用，请求政府收回成命，并且希望恢复传统的游牧制度以保护草原。

铁蹄马小组的成员，中青报记者周欣宇向报社申请到选题，深入报道此事，她再次深入克什克腾旗，这一次，她见到了主管的旗长和旗宣传部的人，在面对面的交流中，旗长似乎是第一次听说“保种基地”的事情。他表示，如果有国家经费，他们随时可以配合建保种基地。但在此之后，还是有牧民因为养马被罚了。

在此期间，芒来老师持续向内蒙古自治区政府反映百岔马保护问题，自治区政府明确表态要支持。不久，宝音达来告诉欣宇，旗里的一些干部去了他家，说是代表政府去看望他，还问他养马有什么困难。又过了些日子，宝音达来来电话说，他和阿叔已经加入中国马业协会，成为会员，保种基地也在筹建中。

案例分析

在这个案例中，北京的民间环保组织发挥的主要作用是媒体宣传，这是一种相对间接的接触方式；而牧民的马业协会则采用直接上书地方政府的方法表达意愿；具有政府背景中国马业协会则根据自身的专业优势和资源优势直接和自治区政府接触。同时，大家都避免了和基层比较强硬的反对养马的“草原站”正面冲突，以保证事情有充分的回旋余地。

平衡好合作和对抗

如何平衡合作与对抗是一个非常复杂的问题。但是一件非做不可的事情。事实上，大多数环境问题通过对抗方式都很难最终得到解决，但是合作，怎么合作？和谁合作？对方凭什么和你合作？这都是不断困扰民间环保组织的问题。

在前述的老铁山自然保护区的案例中，保护区最初与当地居民是对立关系，收网、抓捕鸟人，东边收，西边下，按倒葫芦浮起瓢，后来选择和当地居民合作，通过各种方式引导当地居民和鸟类共处，情况才有所改观。

在这个问题上，“淮河卫士”所创造的“莲花模式”堪称一个典范，“淮河卫士”的负责人霍岱珊曾经说：“不是你想找污染企业合作，人家就跟你合作的，实在是舆论压力、政策压力大得没办法了，企业才低头的。”这句话中其实就含有合作和对抗之间怎样平衡和互动的道理——企业因为有强大的舆论压力才最终选择合作，但同时企业如果不合作，污染问题就永远解决不了。

案例4-5：“淮河卫士”创造莲花模式

淮河位于黄河、长江之间，人们习惯上称它为“中国的第三大河”。这条发源于河南省西部山区的河流，流域跨河南、安徽、山东、江苏四省，全长1 000多公里，流域面积达270 000 平方公里，约1.8亿人生活在这片土地上，至今，这里仍然是中国人口密度最大的地区，也是农业最为发达的地区。“淮河熟，天下足”“走千走万，不如淮河两岸”的歌谣，是人们对淮河粮仓的由衷赞叹。

然而，在20世纪80年代末，史无前例的水污染不期而至，打破了人们在这里的平静生活，滔滔黑水、臭气冲天，迫使人们接受生存极限的考验。淮河的水污染问题引起中国政府的高度重视，1994年，确定对淮河水污染进行流域治理，1995年国务院颁布《淮河水污染防治暂行条例》，明确了1997年达标，2000年

图4-14 公众参与促进企业深度治理，实现循环经济，淮河卫士在“莲花味精”门前悬挂环境信息公示牌

实现淮河水质变清的总体目标；随后，针对淮河水污染治理开展了“淮河世纪行”、“零点行动”等活动，采取了“一控双达标”、“关闭十五小企业”等举措，关注淮河的人们至今对此仍然记忆犹新。

尽管政府采取了上述治理措施，并投资上百亿元人民币兴建了相应的治污工程，但淮河污染在继续加剧。我们看到，关闭十五小企业之后，大企业向淮河排放污染更加肆无忌惮，其实现GDP 翻番的同时也意味着排放污染的加倍，而被关闭的十五小企业也以各种方式死灰复燃，淮河不堪重负，河流的清澈成为遥远的记忆，呈现在人们面前的淮河黑水滔滔，臭气冲天，流动中荡起的泡沫有一米多高；在许多河段鱼虾绝迹，沿水位线寸草不生；黑水、劣五类水成为一些河段的代名词。为什么政府花费如此大的代价，最终却是淮河十年治污一场梦？人们开始思考这个问题，探寻突破困局之策。

在淮河水污染治理充满危机的关键时刻，淮河卫士脱颖而出。当地一批农民、退休工人、老干部、大学生、媒体记者组织起来，以一种理性的、非暴力的方式，主动地参与淮河水污染治理当中，通过“民间发起，政府支持，精英带动，全民参与”的路径展开工作，以中流砥柱般的气魄推动建立公众参与机制，促进淮河水污染治理。

淮河卫士长期坚持一个项目：拯救淮河希望工程；说两句话：向政府说实话，为老百姓讲公道话；做三件事：对淮河水污染及其排污口进行长期的跟踪调查和监督，对受水污染危害严重的区域实施“清洁饮水救助”，对污染造成的癌症村实施“医疗卫生救助”；帮助沿淮村民实现四项诉求，即：“求证”（淮河黑水中存在哪些污染物质？它与村民的健康有什么关系）、“求解”（找到应对水污染及其健康风险的办法）、“求助”（落实求证、求解需要社会的帮助）、“求变”（落实求助之后给村庄带来实际变化），最后建设生态文明小康村。淮河卫士的项目是根据社会需求而产生的，所以才产生了实际效果。

淮河卫士通过大量的调查得知，淮河流域有数千家规模不等的皮革厂、造纸厂、化工厂、制药厂、印染厂，在他们排放到淮河的污水中存在着毒害物质和致癌物质，当淮河黑水通过干渠、支渠、毛渠等灌溉网络覆盖农田和坑塘的时候，农村地下水也随之被污染，沿淮村民面临着水污染带来的健康风险。

图4-15　淮河卫士拍摄淮河水污染，及时反馈给环保部门

淮河卫士在公众参与中创造了“莲花模式”。

莲花味精企业集团（以下简称“莲花味精”）是淮河流域的排污大户，是利税大户，是挂牌“重点保护企业”，是味精产量居世界第一的中日合资企业，也是因污染问题被新闻媒体和公众长期谴责的对象。对这样的一个企业能否以生态文明的理念，使其走向循环经济，节能减排，达标排放，最终成为资源节约、环境友好的企业？向着这个目标，淮河卫士自2005年开始与莲花味精开展绿色诚信、和谐共建活动，努力使其走向生态文明之路。

在莲花味精建厂初期，日本投资方味之素曾提出“如果遇到环境风险怎么办？”的问题，当地官员打包票不会因环境损害要资方负责，在环境问题出现后，日方资产不愿承担环保责任，撤出了全部投资（日方控股，占51%的股份）。而中方资产此时也已面临严峻得舆论压力，甚至国家层面已经有人提出味精是高污染行业，同时不是必要行业，老百姓不一定要吃味精，可以关停中国所有味精企业。在强大的舆论压力下，中方资产愿意履行环保责任，并主动与“淮河卫士”对话。“淮河卫士”此时已和污染企业斗争多年，对是否接受对话有争议，但是后来研究认为应该通过对话解决问题。

莲花味精认真进行整改，并接受公众监督，实行企业环境信息公开。于2007年实现了节能减排、达标排放的环保目标，污水排放量由过去的12万吨/日，降

图4-16 淮河卫士监督“莲花味精”的达标排放

低到1.2万吨，污水中主要污染物质氨氮的含量由过去的120mg/L 降低到5mg/L 以下，在中国的同行业中，创造了一个生态文明的典范，这个典范就是“莲花模式”（接受公众监督、开展和谐共建、重建绿色诚信、做到循环经济、节能减排、达标排放、最终深度治理）。在莲花味精实现循环经济后，用污水生产的有机肥每年就可带来2 000多万元收入，过去企业认为治污就是往河里扔钱，现在发现垃圾确实是放错地方的资源。

目前，“淮河卫士”正在把“莲花模式”在沙颍河复制推广，逐步建成“沙颍河模式”、“淮河模式”。这种模式已经发挥作用，并且被广泛认可。在今年的两会期间，“淮河卫士”负责人霍岱珊与中央电视台著名新闻节目主持人柴静有一个电视连线访谈，题目就叫做《节能减排：从莲花模式到中国模式》。

图4-17 “莲花模式”实现了双赢，淮河沙颍河段重现碧水蓝天

案例分析

在“莲花模式”中合作是一个非常重要的分水岭，前面经过大量的努力没有解决的问题都在合作过程中得到缓解，但并不是说选择合作就是灵丹妙药，如果没有前面长期抗争对莲花味精形成的压力，合作是不可能展开的。

从这个案例我们可以看出：

（1）目标要清楚，解决什么问题要清楚，以解决问题为目的，合作和对抗本身都不是目的。

（2）基础工作必须做扎实，这里说的基础工作包括调查研究和公众参与。

（3）要通过各种渠道引起环境破坏方足够的重视。污染、破坏环境企业都存在着对环境问题不够重视的特点，不然就不会成为污染企业。因此要通过媒体宣传、调查研究申明利害，使企业处于公众舆论和政府环保部门的压力之下，做出改变的愿望。

（4）要积极对话。有些企业在舆论压力下会主动提出对话，有些企业可能会摆出自己的一大堆道理进行辩解，企业的辩解就是对话的开始，面对企业的辩解，不要怒气冲天，不要置之不理，而是要抓住机会，展开对话。对话中，找到直接的对话对象。

（5）要为企业寻求出路。

持续关注，抓住问题不放手

讲求策略，不是讲小聪明，而是为了更好的指引行动，有些策略可能很“笨”，需要长期艰苦的工作，如前述的推动公众、长期接触、争取同盟等都不是一蹴而就的，而本小节要讲的策略就是长期坚持、持续关注、抓住问题不放手。

在进行环境倡导过程中，媒体朋友、热心公众，甚至相关政府官员都有可能被某个问题吸引，热情地投入其中，但是随着其他事情的发生，这股热情可能很快转移，这个时候需要民间环保组织做的事情就是坚守，持续关注直至问题解决。

下面是“绿色汉江”提供的一段自述，其中，包括两个案例：

作为一个民间环保组织，要救一条河流，一下子是不可能的，除了需要全社会的力量，但作为民间组织可以从一个个小事做起，一个个小问题解决起，拔掉一个个钉子，小问题解决多了，不也可以减轻对河流的污染了么？几年来，绿色汉江始终盯住污染问题不放。

案例4-6：柿铺三组汉江河边被养猪场污染问题

2010年6月，接到群众举报称柿铺三组河边汉江被养猪场污染后，他们会立即安排环保小分队前往现场进行实地查看，组织媒体报道，返程后即把有关情况向水利局和环保局进行了举报，请其及时予以整治。据悉，两个局很快进行了安排，派员前往调查。并下达了处罚通知书。以后又通过人大、政协盯住不放。最后市长亲自发话，12月下旬养猪场被关掉。汉江边又拔掉 一个污染源。

案例4-7：促进污泥处理

2009年5月12日，接举报，环保志愿者马东、赵祖文、耿文杰、王虎等5人到鱼梁洲污水处理厂后围墙外，对该单位排固体废物情况进行调查，发现其固体废物排放在围墙后面，严重违背了环评公示，并且有可能形成二次污染；在崔家营蓄水后将是一个很大的污染隐患。绿色汉江当即向环保局反映了该问题，并组织媒体进行了曝光，引起了社会的广泛关注，7月，市污水治理公司熊总来绿色汉江交流，鱼梁洲污水处理厂随即投资上了污泥干化设施。2010年，污水处理系统还请运建立讲座；不久，市区已建成的3个污水处理厂申请加入我会，成为绿色汉江的团体会员。之后，我们又多次到各污水处理厂查看。现在，只要因故影响污水处理，污水处理厂就会先打电话来告知。12月中旬，运建立就污泥处理等问题，在清华大学薛工程师的带领下，参观了北京清河污水处理厂的污泥干化厂并就有关问题进行了交流。拟为污泥干化提供更多的信息。

案例分析

“绿色汉江”多年的工作本身就是在坚守，而在处理每个具体的问题时，也是一直抓住不放，直到问题解决。

民间环保组织的注意力其实也很容易转移，比如：项目周期到了、资金来源枯竭、新项目加入、人员流动，都有可能转移注意力。这时需要从战略高度看待坚守的价值，但凡能做出点成绩的民间环保组织都需要在困难、压力、冷漠中长期前行。

通过个案推动整体改善

草根民间环保组织从事环境保护常常有势单力孤的感觉，问题层出不穷，力量十分有限。因此如果大家每次解决一个个案，都能对整体做出一定的影响，甚至能从某个角度解决整体问题，那么每一次的努力都会成为一种有效的积累，“积土成山，风雨兴焉；积水成渊，蛟龙生焉”。虽然草根民间环保组织的影响力有限，但如果积极积累，仍可以事半功倍，为今后的工作开辟更广阔的前景。

典型方式

（1）把个案中发现法律、法规不完善或有问题的地方，提交给立法机关，促使立法机关修改法律，通过新的法律、法规生效而对全局产生影响。

污染受害者法律援助中心曾经接打过一个官司，营口的居民诉当地的风力发电厂噪音污染。按照当时的《环境噪音监测方法标准》，环境噪音必须在“无风、无雨、无雪”的天气监测。这种天气，风力发电厂根本不会发电，也没有噪音。污染受害者法律援助中心向当时的国家环保总局写了报告，要求修改这个标准。环保总局根据这个案例专门发了通知，要求风力发电的噪音监测必须在正常发电的情况下。本案的诉讼取得了成功，环境方面的立法也得到有效改善，是对风力发电噪音的监管有据可查。

污染受害者法律援助中心还根据实际案例中反映出的问题，在《固体废物法》修改时加入了，要求环境监测机构接受当事人委托进行环境监测的内容。针对水污染案件中，当事人没钱请律师的情况，在《水污染防治法》中增加了国家鼓励机关、社会团体、法律机构对水污染受害者提供援助的条款。

（2）通过具体案例，找到政策不合理的事实依据，提交给政策制定者，影响政策。

（3）通过建立示范社区，影响、带动其他地区，改善整体环境。

这个案例可以参看第三章第三节建立示范社区。以垃圾分类示范社区为起点，北京市现在已经为垃圾分类做了大量的工作，相关宣传也更加丰富，更具指导行。

（4）通过追问一个地区性问题，找到问题的根源，针对问题根源下药，推动全面情况改善。

这方面比较典型的是绿色和平通过在贵屿做研究，发现有毒有害电子垃圾问题的根源在于生产厂商，最后通过他们的多方努力，世界知名的、合起来占绝大部分市场份额的大企业逐步承诺不在生产时加入有毒有害物质。这个案例的详细情况可以参见第三章第一节的研究和第三章第三节的抗议。

第三节　实施中的问题

策略的实施过程中，还要注意一些问题。第一，策略不是死的，不能孤立的实施；第二，在实施过程中要努力开拓和调动方方面面的资源，包括其他民间环保组织资源、政府资源、企业资源、媒体资源等等；第三，行动中要有明确的目标；但是，目标也并非是一成不变的，为实现目标，民间环保组织要努力坚守，但是，不主张“死磕”，要对自己的目标始终保持清醒的认识，所有的目标之上有更大的目标就是保护环境，协调人与自然的关系，改善社会关系，促进社会公平正义，不能为了具体目标迷失大方向。

多种方法和策略搭配使用

大家读过前面章节中的案例之后，应该可以发现，没有一个成功的环境倡导案例是采用一种方法成功的，同样，在每个案例的进行中，在不同阶段，民间环保组织也引入不同策略，多条腿走路。民间环保组织对一个环境事件的干预很可能既需要研究，需要公众、社区教育，还需要媒体配合，还要通过游说、两会提案等方式与政府打交道。各种手段相互配合，相得益彰会产生非常积极的影响，也会使民间环保组织得到来自各个方面的支持和帮助，避免孤军奋战，使环境倡导的道路越走越宽。

多种倡导方法和策略有机搭配没有一定之规，各个民间环保组织的资源不同，面对的问题不同完全可以根据实际情况分析采用哪种方式更有利于解决问题。在这个过程中要注意发挥不同社会角色的力量，包括：国家机关、研究机构、立法系统、司法系统、新闻媒体、文教机构、草根民间环保组织、本地居民。通过各种方法搭配使用，使前述的不同社会角色间相互影响，形成对话和交流，并在交流过程中深化各方面对环境问题的认识，推动环境问题的解决。

在确定采用哪种方法进行倡议前，要对倡议的事件充分调查了解，分析社会环境，确定倡议的目标，充分考虑本地居民的意愿和动力、政府的认识状况和态度、社会舆论环境的支持力度等各个方面，对有利和不利的因素有充分认识和准备，然后制定实施的具体策略，协调使用各种方法，并根据事态发展变化，及时抓住机遇，适时使用不同的方法。

民间环保组织之间相互呼应

不同的民间环保组织在优势领域、志愿者资源、媒体资源，以及工作人员个人能力等方面有各自的优势。相互呼应是一个重要的策略，呼应还不同于合作，建立战略联盟，把别人遇到的自己能帮忙的问题当成自己的问题，把自己需要的帮助即时告诉大家，共享信息、共享资源，由此形成东方不亮西方亮的工作局面。

在这方面有一个案例可以说家喻户晓，就是藏羚羊保护的案例。

从野牦牛队在深山里孤军奋战，到藏羚羊的遭遇家喻户晓，藏羚羊贸易被最终禁止，藏羚羊盗猎问题得到相当程度的缓解，有绿色江河、野性中国、自然之友等多家民间环保组织前赴后继，在不同阶段发挥了不同的作用。这些民间环保组织之间之前并没有商谈合作，之后也没有建立联盟，共同为同一目标努力，是成功相互呼应的内在动力源泉，共享消息，发挥优势，互相引路，是能够相互呼应的基本工作方法。

媒体策略

通过媒体宣传，放大环境事件的影响有很多作用，主要体现在几个方面：（1）曝光环境焦点事件，使环境事件处于公众监督之下；（2）报道本身可以提高公众的认知，增强公众环境意识；（3）可以联合社会力量，避免民间环保组织和受到环境损害的社区居民处于孤立无援的状态。

推荐策略

（1）联络有合作意愿的媒体和媒体人。联络媒体人是运用媒体力量的基础，并不是所有媒体和媒体人对环境事件都感兴趣，但可能为环境保护出力的媒体记者很多，可以在以下几个人群中寻找支持者：在环境专业媒体、普通媒体的环境版、媒体中的社会焦点深度报道版，积极参与民间环保组织活动的媒体人等。

（2）协助媒体记者跑现场。媒体人对环境事件的理解程度参差不齐，如果简单通过电话采访，问卷访问，媒体人自己可能对事情只建立片段化的认识，像盲人摸象一样，这样就很难保证报道的质量，传达震撼人心的信息。

（3）和媒体人长期保持联络，无论环境事件是否有新闻价值一直向媒体人传达事情的动态，鼓励媒体人和民间环保组织共同工作。媒体人有一个说法叫“一夜博士”，就是要报道一件事情之前，做一晚上研究，就报道出来，浮躁是环境报道的大敌，可能导致环保错误理念广泛流传。“最好的采访是浸泡”这是环保人士光明日报记者冯永锋说的一句话。媒体人要对环境事件有全面了解，长期浸泡在被采访的事件中，对事情的整体面貌会建立全面的认识，媒体人的深入认识高质量报道的基础，有了高质量报道才能给公众提供全面正确的信息。

（4）从有新闻价值的事件切入。深入了解和解决一个地区的环境问题，是民间环保组织的长期工作，但是不符合媒体工作的特点，媒体需要新闻价值，需要眼球，所以要及时把握有价值的环境新闻提供给媒体。

（5）不要指望一篇报道解决问题。

（6）媒体采访是一个非常好的对话和调查的机会。由于记者的特殊身份，国家机关和企事业单位必须接待，民间环保组织可以利用这个机会和政府、企业、环保局、保护区等对话。很多记者都受过较好的调查训练和记者一起调查也可以提高民间环保组织工作人员的调查能力。

与媒体合作的方法，以及面临的问题会在第五章详细讨论，本处也不再赘述。

目标调整

本章开篇已经讲过，目标是需要坚守，也需要调整的，不能为具体目标迷失大方向。那么目标调整的过程当中要注意什么呢？本小节主要谈以下三个方面问题：（1）以终为始；（2）应对新问题；（3）根据实际情况收缩目标或扩大成果。

以终为始

环境保护倡导中，所有的工作都不可能一劳永逸，也不应该追求一劳永逸，因为大自然是充满矛盾和生生不息的，制约、平衡、发展、变迁都是自然运动的主题，环境保护倡导工作的各个方面都要符合自然规律。为此，环境保护倡导是不会因为某一事件、某个项目的结束而结束的。每一个终点都是新的起点。

每一次项目终结，民间环保组织需要考量目标的达成情况，达成了哪些？没达成哪些？没达成的问题是什么？要不要继续达成？已经达成的，还会遇到什么问题？怎样持续的给予支持？新一轮已经发生可能发生的问题是什么？由此，我们可以制定出下一阶段的行动目标。

应对新问题

在民间环保组织的行动中，往往会有新发现、新感悟、遇到新问题。比如，关注保护某个特定物种的人经过一段时间的工作发现这个物种栖息地的其他问题，着眼于保护生态环境的人逐步意识到本地居民需要支持和帮助。这些新问题要随时面对，有些和长远目标是一致的，就可以考虑纳入到工作体系中，有些则不甚相同，或者目标虽然一致，但需要的工作方法、技能、人才都不同，这时就需要考虑是否应对以及应对的方法。

自然之友的创始人梁晓燕现在把更多的经历投入到西部的教育问题上。这和她有一次到广西进行环境教育时发生的事情分不开。她上课的时候，突然发现一个学生站起来，一会儿又坐下了，下课她了解到，由于学校提供的伙食不好，很多学生低血糖，上课犯困，这是学生们采用的防止睡着的方法。她在考察中发现了学校伙食、管理、教学各方面的问题。

这些孩子从小学一、二年级就住校，脱离了家庭，脱离了熟悉的社区，每天早上6点半起床、晚上9点半睡觉，全部时间都在学习，学校把大门锁起来，怕孩子们跑出去出事。梁晓燕觉得："这是多么恐怖的学生生活，真的是恐怖！"在学校里老师们也很辛苦，每天住在学校，得不到进修和学习的机会，没有更多的信息，差不多是恶性循环。

梁晓燕由此意识到，环境教育不能只讲好山好水，首先要关心孩子们的身心健康。

发现这个问题的时候，梁晓燕手头有很多工作，她不能马上转向，经过几年酝酿，她的工作由合适的人员接手，梁晓燕在2007年辞掉天下溪总干事和《民间》杂志总编的工作，到广西农村学校教书和调研，开始开辟乡村教育的新领域。

遇到新问题，首先要做的不是回避，也不是立即转向，而是认真考虑已有的目标和新目标的关系，以及怎样达成尚未达成的目标和怎样开始为新目标努力。

收缩目标与扩大成果

民间环保组织不是救世主，不可能所有设立的目标都能达成。有些目标不能达成是客观原因，有些目标订立时就超出了自己的能力范围。随着项目的深入，民间环保组织需要根据了解到的实际情况和自己的实际能力与影响力设计更现实的目标，一步一步向前走。这就是收缩目标。

而扩大成果的情况正好相反，由于大环境的改善、其他盟友的加盟，民间环保组织可能突破原有的目标，这时候，需要清醒地头脑，抓住机会，考虑自己能够在哪些领域推广影响？能够进一步解决哪些相关的问题？哪些问题仍然解决不了？扩大成果也是以终为始的一种形式。

无论是收缩目标还是扩大成果，都不要轻易决定，通常，民间环保组织要聚焦于自己的目标，努力达成，避免因为目标调整而导致的顾此失彼。

第五章　合作与互动

环境保护倡导具有很强的公共性，需要动员社会的各种资源和力量的广泛参与。民间组织参与环境保护倡导，常常需要在组织之间形成合作，同时与社会各界不同领域进行互动。

民间环保组织之间的合作本就是各个环保组织行动中的一部分；与社会各界的互动更是几乎每天都会进行的事务。本章的重点，在于民间环保组织如何通过合作与互动达到环境保护倡导的目标，并在合作中看到各自的差异和特点，共同前行。

第一节　基础与价值

合作的基础

合作的基础都包含着一个元素，那就是“共同”——共同的愿景，共同的使命，共同的价值理念，共同的行动目标，共同的倡导对象，共同的资源来源……可以说，共识是合作的最主要基础，只有找到共识，合作各方才会对其保持拥有感。

合作的另一重要基础是合作方之间的了解与信任。每家组织自身特点和重点工作领域都不尽相同，在合作中不断了解彼此的特别之处和所处的环境，可以在出现问题和困难之时更加理解对方，并找到合力解决的途径。

对于民间环保组织合作的基础，一位资深环保人士如是说：“只要我们意识到有一个共同的目标，有一个共同的利益把大家聚在一起的话，我们是可以超越组织的这种狭义的利益，回到为什么我们要做环保民间环保组织——就是因为我们相信有一个地球共同的利益在后面。这是基于生态理念的环境运动，对自身应有的最低要求。把这种合作放到我们整个行业未来的发展上面，是非

常有意义的。”❶

合作的价值

合作能够促进环境保护倡导的效果，同时也能整合散落在各个机构、个人的信息、资源、行动能力和社会影响力。我国民间环保组织正在面对地域分布不均、能力较弱、资源较少、信息分散等挑战，尤其是倡导型组织与地方行动型组织，因此合作作为一种重要的行动方式，对于影响不同地域和层面环境问题的改变、扩大政策和决策影响力，有着很现实的意义。

“当一个领域内民间环保组织的合作与联盟形成，才能更有效地扩大单个民间环保组织的能力边界。当民间环保组织开始合作，并在政府内也找到伙伴，才能形成一种社会推动力，这时与政府、利益集团的对话就产生了：通过一些重大事件和倡导活动，将社会公众的意愿形成一种社会压力，使政府正视这些社会问题，倾听民间环保组织、民众的声音。”❷

所以，合作的形成不只在成员间形成协同作用，还有助于民间环保组织作为群体和政府、企业等其他重要的环境保护利益相关方进行沟通和协调。

重要的合作之初

环境倡导的合作，开头是特别重要、也是很具挑战的环节。很多成功的合作行动，都是在前期作了大量计划、沟通、分析之后的产物——不论是主动为之（如绿色选择联盟）还是被动回应（如汶川地震后的生态厕所联合行动，都需要在开端阶段把功夫做足。

很多时候，大家并不喜欢过多的讨论，认为民间环保组织之间的合作，就得简单快速。可是，我们想要推动改变的环境问题往往不简单，过程也很可能持续数年，这就需要合作各方在行动和心态上都有足够的准备。

---

❶专访绿色和平中国前项目总监、自然之友理事长卢思骋［EB/OL］. http://news.qq.com/zt2010/talklu/.

❷付涛. 网络联盟，NGO的又一种生存方式？［M］//北京公旻汇咨询中心. 中国发展简报. 北京：知识产权出版社，2005：26.

在合作伊始，多做几次自我的分析，多做一些合作各方的交流，大家分享彼此的价值取向并共同制定目标，是产生合作互信的基础，也是接下来行动中各司其职、共同前行的保障。

第二节　合作的形式

民间环保组织之间的合作，可谓是形式丰富多彩。从比较松散的议题、兴趣、网络到很紧密的共同行动联盟，这个“光谱”中散落着各种各样的合作形式。我们根据现在国内民间环保组织的现状，讨论几种有代表性的合作形式。当然，这些形式并不是一成不变的，其中最重要的，其实还是在于理念和人——理念，包含合作各方的价值观、对问题理解的深度以及目标设定是否明确；人，在于各个合作机构在协调、执行计划以及应对突发事件的过程中是否给力。其中的一些案例并不一定是很成功的行动，但总有一些经验教训值得读者参考。

行动网络——统一部署计划，促进“共同行动”

所谓行动网络，是指有着统一行动目标，利用相对统一的行动方式，在不同地域、不同领域推动同一议题工作的合作形式。在行动网络中，通常有一家或者几家组织作为牵头方，承担资源筹集与分配、行动协调等功能，网络中的多数组织通过能力建设、统一行动等方式共同深化行动，并在其中累积经验、共同成长。

事实上，行动网络对于国际公民社会而言，实践的历史已达到百年以上。20世纪90年代，以倡导为主要目标的民间环保组织联盟层出不穷，例如气候行动网络（Climate Action Network，CAN）、全球消除贫困行动联盟（GCAP）等。近在眼前的例子就是在华开展工作的国际民间环保组织，它们很多就是国际联盟的成员，比如世界自然基金会WWF、绿色和平、香港乐施会等等。尽管网络成员在各自的范围内独立运作，但相互之间拥有共同的宗旨、价值观和文化，甚至具体的服务或倡导方式（会因地域或所在国环境不同而调整，以适应本土需求）。[1]同时，联盟成员之间在筹款和其他资源调配上能够互相配合支持。在需要的时候，能够快速协同进行跨界的倡导活动。

与这些历史悠久的成熟联盟相比而言，我国环保组织显然还处于不断摸索尝试的初级形态，网络的功能大多仅限于基本的信息沟通，但网络化似乎已成为一种共识性需求，并越来越多地得到尝试。

2004年，以关注大坝生态、推动江河善治为目标，部分环境民间环保组织成立了中国河网，这是比较早期的以环境保护倡导为主的行动网络；其后的时间里，26度空调行动网络、可持续发展教育行动网络（ESD-C）、中国民间气候变化行动（CCAN）网络等陆续形成，民间组织也在不断的探索中，开始体会到了行动网络的意义和重要性。

2007年，在两家民间组织近一年的紧密合作和努力推动下，绿色出行行动网络应运而生，20余家公益组织在其后的几年内齐心协力推动绿色出行系列活动。剖析这个案例，能看到我国现有行动网络的一些特点，以及对于倡导的积极作用。

案例5-1：“绿色出行”行动网络

“绿色出行”行动网络的背景

1. 为什么要做这样的倡导行动?

据IPCC发布的报告，交通行业已成为温室气体排放增长速度最快的行业，同时也造成了城市空气污染、危害人体健康等问题。选择适当的交通工具，采取可持续的交通发展战略，对于保护环境非常重要。

公众作为出行的主体，他们的节能环保意识和选择习惯，也在具有决定性的影响。所以，开展广泛和深入的公众参与，提高公众自主选择环保的行为方

[1] 付涛. 网络联盟，NGO的又一种生存方式? ［M］//北京公旻汇咨询中心. 中国发展简报. 北京：知识产权出版社，2005：26.

式，很有现实意义。

2. 这是什么行动？

绿色出行是指对环境的负面影响尽可能小的出行方式。即节约能源、提高能效、减少污染、有益于健康、兼顾效率的出行方式。从低碳的角度讲，“绿色出行”是指通过碳减排和碳中和实现环境资源的可持续利用和交通的可持续发展。

绿色出行网络就是在这样的理论基础上应运而生的，它通过促进每一个人行动的改变，进而延伸至影响城市管理者和政策制定者。是一个经过仔细策划的、全国多城市联动的环境倡导行动。

3. 为什么是一个行动网络？

绿色出行是中国各个城市都要做的行动。一个机构、一个城市的力量有限，只有不同城市的机构之间联动起来，共同倡导，共同行动，才能真正有效并尽快地改变现存城市交通所带来的各种问题。

因此，通过行动网络的形式，把倡导绿色出行的机构联合起来，推动更多的城市联合采取行动，是逐步改善城市交通所带来诸多环境问题的一个有效途径。

“绿色出行”行动网络的合作历程

1. 绿色出行网络成立

2006年6月1日，中国国际民间组织合作促进会和美国环保协会（Environmental Defense Fund）在北京率先发起“绿色出行”的倡导，随后这个项目得到了社会各界以及全国很多大城市的热烈响应。在中国国际民间组织合作促进会和美国环保协会的合作推动下，“绿色出行网络”于2007年6月1日正式在北京成立，中国民促会、美国环保协会与全国20家公益机构合作建立起“绿色出行网络”。

表5-1 绿色出行网络首批成员表

城市	网络成员	城市	网络成员
北京	北京绿十字生态文化交流中心	香港	绿色力量
上海	上海绿洲生态保护交流中心	厦门	厦门绿拾字环保服务社
南京	江苏绿色之友	额尔古纳	绿色图腾生态保护协会
拉萨	西藏国际民间组织合作促进会	重庆	重庆市环保志愿者联合会
济南	山东省知识经济研究会	武汉	武汉市新洲区野生动植物保护协会
西安	陕西省西部发展基金会	石家庄	河北绿色之音
天津	天津市绿色之友	南昌	江西财经大学绿派社
佳木斯	佳木斯市科教文可持续发展协会	南宁	广西壮族自治区妇女联合会
昆明	云南财经大学	广州	广州国际湿地生态保护与建设联合会
兰州	甘肃绿驼铃	郑州	河南妇女联合会

2. 绿色出行网络的共同目标

经过绿色出行网络的持续讨论，各家机构明确了对于此联合行动的共同目标，这样的目标成为了行动网络今后行动纲领的基础，对于合作中各家组织协同完成各项活动有着关键的意义。

短期目标：提高公众对优良的环境空气质量的关注度；提高改善环境空气质量人人有责的自觉性；提高企业承担环保公共责任的主动性；促进公众和企业参与；促进环境政策法规的完善；促进机动车辆及燃料环保技术性能的提高；促进绿色出行环境的改善。

长期目标：改善城市的环境空气质量，关爱呼吸健康，提高生活质量，改善人居环境；通过绿色出行人群的参与量增加，节能的同时减少碳排放量，为减缓全球变暖贡献力量。

3. 绿色出行网络的管理和运行机制

绿色出行的网络组织中，设在中国国际民间组织合作促进会的绿色出行的网络秘书处是服务机构。各地环保民间环保组织的申请经审核通过后，成为绿色出行网络成员。会员享有信息共享、参加培训、小额资助申请等权利，并且遵守网络的有关约定，如：

（1）参与绿色出行的北京发起单位和地方参与单位之间相互独立，没有任何领导与被领导、从属与被从属关系。

（2）网络秘书处进行业务咨询和服务，签约的参与组织按约定开展相关活动，并自负其责。

（3）网络成员采取三个月一轮值制度，网络成员可向秘书处申请成为轮值机构，轮值机构需要与中国民促会秘书处签订独立的工作协议，并可获得一定的资金补助。

（4）绿色出行网络每年召开一次年会，一次中期交流会，一次项目管理和专业知识培训会。

“绿色出行”行动网络的倡导成果

绿色出行网络自2007年成立以来，其对于绿色出行的宣传倡导，在全国各地产生了广泛的影响，通过报纸、电视台、电台、互联网等媒体报道达463篇。百度搜索相关信息达2260000条。环保民间环保组织对其有很高认同度，所设计的活动也能够结合地方特点，丰富多样，异彩纷呈。

绿色出行网络每年项目的产出中，注重了量化产出与质化产出并重，见表5-2。由于各地民间环保组织的资源状况，组织优势以及城市问题不一样，所以，即使相同的项目，各地执行起来也会有不同。

表5-2 绿色出行网络项目成果一览表

项目年度	2007～2008	2008～2009	2009～2010
主题活动	企业绿色出行承诺	绿色出行计算器使用推广	寻找“绿色出行达人”活动
项目实施机构数量	13	11	12
核心目标完成	企业签属承诺1 279家	人民网绿色出行计算器注册用户6 029人	评选出“绿色出行达人”79人
当地特色活动	无车日骑行，绿色郊游等40多个当地特色活动	绿色出行进社区、进校园宣传以及当地政协提案等共计40多项当地特色活动	家庭碳排放调查、绿色办公、绿色骑行等30多项当地特色活动

续表5-2

项目年度	2007～2008	2008～2009	2009～2010
小额资助合计	570 350元	591 450元	500 000
能力建设培训	南京：项目设计与管理	上海：低碳世博与绿色出行	黄山：低碳专业知识培训
参与培训机构数	15	15	15
年会	北京，2008年5月	上海，2009年6月	黄山，2010年6月
媒体报道	137次	107次	219次
参与活动志愿者	1 600人次	1 980人次	802人次

在这样持续的推动下，北京奥运会期间，北京市近百家企事业单位的81 670人注册参与了该活动，共减排二氧化碳8 895吨，同时这批碳指标同时在北京产权交易所正式挂牌；上海世博会期间，为支持“低碳世博”，已有75家企业和2家行业协会加入绿色出行的行列，签署绿色出行承诺书。

从“绿色出行”这个案例中，我们看到了行动网络对于一个议题推进和产生影响的作用，这样的成果，不仅仅需要其中核心成员优秀的组织和协调能力，更倚仗网络各家成员机构对于目标的明确认可和彼此联动过程中的互信。在这个行动过程中，体现出了行动网络的两个特点：

1. 行动网络能够有效提升行动的影响力

单一城市、单个民间环保组织的单个项目，往往影响力只能局限在某个区域。联合行动，就会发出更大的声音，形成更大的影响力。

以此行动网络为例，2009年，配合上海世博会的“世博绿色出行项目”，全国12个城市同步开展“寻找绿色出行达人”的活动，各地选用了统一设计的“绿色出行”海报，不仅节约了投入，共享了资源，而且相互借势，相关报道中媒体交替出现，形成了更强大的声音和影响力。

2. 行动网络有助于成员机构能力建设和组织发展

我国现有的很多民间环保组织往往比较年轻、规模较小，势单力薄，在找寻政府、企业、媒体等合作伙伴的过程中，往往会遇到困难。而行动网络的合作形式可以使其中的每个成员都分享除项目成果外到能力建设、实务操作等积极的“副产品”。

“绿色出行网络”，具有统一的标识（见图5–1，图5–2），每家成员接受专门的培训，拥有“绿色出行网络成员”的资质，这样，能够大大提高项目的可信度和竞争力，争取伙伴的合作。

图5–1　北京少开一天车绿色出行低碳交通卡

图5–2　绿色出行基金LOGO

绿色出行网络成立3年多以来，由于持续而稳定的资金支持，帮助这些组织的机构得到了发展和成长。例如，安徽绿满江淮于2003年创立后，专职人员一直徘徊在2～3人，2007年加入绿色出行网络，目前，该机构已经有7名专职工作人员，拓展到合肥、芜湖、蚌埠三个办公室。据该组织介绍，参加绿色出行网络促进了他们的可持续发展。

行动网络通过环保民间环保组织间网络化，在项目执行中实现了信息交流和资源共享，彼此取长补短，相互碰撞，极大地提升了当地项目的执行水平和创新能力。对于民间环保组织的能力建设和可持续发展也起到了很好的推进作用。

战略联盟——通过有效分工，促成有效倡导

相比于行动网络，战略联盟往往推动的问题更加有挑战性，对于各家机构的分工角色也有着更加清晰的要求。在这个过程中，倡导的对象通常比较强大或不易触碰，但通过联盟的形式，发挥各合作方的特长，常常能起到1+1+1>3的效果。

在我国的民间环保运动中，有不少比较著名的战略联盟，如2004年成立的“中国河网”、小动物救助联盟等。在这一节中，就以最近非常活跃的“绿色选择联盟”为例，看看战略联盟是如何通过有效分工，去实现一些看似困难的目标。

案例5-2：绿色选择联盟：公众参与IT重金属专题行动[1]

“绿色选择联盟”的背景与缘起

我国的环境污染问题层出不穷，近年来已成爆发之势。除了政府相关的监管之外，如何监督企业守法，减少超标和非法排放，已经成为了摆在民间环保组织面前的一个大问题。

公众环境研究中心在2006年开发出水污染数据库对社会各界公开后，一些大型企业开始感觉到压力，尤其是跨国公司，第一批来找公众环境研究中心沟通说明的100家企业里面，80%～90%都是跨国公司。

但是公众环境研究中心发现只有那些大型的品牌公司才会敏感于这样的公众压力，在此之外，如何推动中国内地及港台地区的和韩国的企业呢？他们不在乎公众和媒体，公众环境研究中心希望通过那些“在乎的”把压力传递给“不在乎的”。现在，品牌企业越来越多地将高污染、高风险行业外包出去，但是外包并不意味着他就可以把环境责任都转嫁出去。在现代商业中，品牌实际上涵盖了供应商的行为在内。

---

[1] 马军. 公众参与供应链管理和绿色消费［M］//北京公旻汇咨询中心. 中国发展简报. 北京：知识产权出版社，2010.

为了回应这样的挑战和行动需求，“绿色选择联盟”在2007年应运而生。

2007年3月22日，北京地球村环境教育中心、自然之友等21家国内环保组织在北京联合发出“绿色选择”倡议书，呼吁消费者利用手中的购买权，不消费超标排污企业的产品，压缩超标排污企业的生存空间，促使企业改进其环境行为。

当时，这21家环保组织收集到的、公开披露的污染超标排放企业已接近5000家，这些信息在“公众与环境研究中心”等环保组织的网络上可以查询到。环保组织同时倡议大型零售商和大型企业，主动加强供应链环境管理，争取形成绿色供应链，主动抵制“环境不达标企业名单”上的供货商。

这次民间环保组织的联合行动是环保民间环保组织联合起来对抗企业污染的开始，民间环保组织联盟之后的能力确实比单打独斗的民间环保组织强，而且抵御外界压力的能力也得到显著增强。

过去的这几年，这些组织持续关注企业的环境表现，不断更新污染地图的数据库。而且联盟中分工也逐渐明确起来。在这些机构当中，有些机构参与监督企业的环境问题，而有些机构参与对企业环境问题的审核。所有的环保民间环保组织都参与一件事情，那就是当某一个企 业的环境污染纪录要从污染地图上去掉时，需要得到所有民间环保组织的认可，企业的审核报告将发给每个机构，如果大家都没意见才能通过。

但是，挑战依然重重地摆在大家面前：绿色选择启动时，实际上设计了两条路径，一是推绿色消费，二是推绿色供应链。从那时到现在，绿色供应链已经迈出了很大的步伐，但绿色消费仅仅刚刚起步。如果要从整体上评价绿色选择的话，民间环保组织们在一条腿上迈得比较远，但在另一条腿上还迈不动，还非常迟缓。

在这样的背景下，绿色选择联盟决定从2010年开始，在供应链管理的基础上，主攻“绿色消费运动”。与此同时，参与联盟的民间环保组织已经从21家扩大到了34家。

“绿色选择联盟”2010年的行动历程和倡导成果——“IT产业重金属污染联合行动”

2010年4月，绿色选择联盟的34家民间环保组织共同发起了“IT产业重金属污染联合行动”。马军所在的公众环境研究中心一直在做污染数据平台。

2010年8月，由公众环境研究中心、自然之友等全国34家环保民间环保组织发起的“IT产业重金属污染调研报告(第三期)”在北京发布，这已经是34家环保民间环保组织连续第三次联盟发布IT产业重金属污染调研报告。

IT产业重金属污染调研报告中所涉及的29家IT品牌企业有：LG公司、苹果公司、索尼、诺基亚、惠普、英国电信、阿尔卡特、三星、东芝、海尔、爱立信、新加坡电信、IBM、佳能、松下、东芝等知名企业。

民间环保组织列入名单的企业从最开始的对抗到现在的愿意对话，民间环保组织的联盟起了很大的作用。

“绿色选择联盟”的内部分工情况

在此联盟中的34家机构当中，一些机构更多地参与具体的工作。各家机构都有各自的工作，都有各自的特色，一般大家尽可能发挥自己的长处。

积累了较高公信力的自然之友，在和企业的沟通过程中，起到很重要的作用；达尔问自然求知社实质参与了报告的调研；对于各类环境伤害事件，华南自然会、南京绿石等环保组织在其所在地进行现场的污染调研，为报告的第一手资料起了很重要的贡献；而环友科技中心承担了信息枢纽的职责，尽心尽力地保持大家信息同步。

在这34家环保民间环保组织的整个行动过程中，大概有10家民间环保组织实质参与了该报告的调研，联盟中一些机构并没有做出太多的工作，但他们对这项行动给予的道义上的支持，同样也很重要。这些没有实质参与调研的机构更多地参与评价认可最后的报告审核，或者参与评价最后独立审计的结果，这个调研报告的认可过程和结果他们都是参与的。“虽然只是道义的支持，但是也是非常重要的，而且今后我们的联盟将迈向更为实质的合作。”马军如此评价。

“绿色选择联盟”的未来行动展望

1. 展望：促进民间环保组织与企业的建设性对话

34家民间环保组织联合做一件事情也是不容易的，协调工作就有相当的难度。马军表示：“我们34家环保组织走到一起的条件就是信任，这种信任是在长期的合作互动中形成的。大家对某个问题一致认可，各自相互的信任，这样就比较容易达成一致，不然协调很困难。”

一直以来，企业与民间环保组织的关系更多的是资助者与被资助者的关系，企业资助民间环保组织做项目，或许这个项目与企业毫不相关，最后企业将整个资助的项目写进企业的社会责任报告。

但是，企业社会责任需要迈向更实际的方面。企业的生产经营活动如果给环境和社区带来影响，那么企业首先应该在生产经营方面降低对环境的影响，至少要做到对环境污染的控制，基于此，环保民间环保组织开展了对企业环境表现的监督，民间环保组织联盟变成独立监督的一方，与他们的生产经营活动所带来的影响直接相关。

目前，与这34家民间环保组织开展合作的企业在逐渐增加，这推动了有污染纪录的企业来做出解释和说明。现在有290家的出现过环境问题的企业对他们的问题做出了解释和说明，并提出了整改的计划和行动。

绿色选择联盟对于未来的希望是，中国的企业都开展污染治理，建立环保体系，和民间环保组织的互动走向机制化。为了这个目标，联盟正在继续行动，直到问题完全解决。

从这个案例中，我们可以清晰地看出，明确的“目标”和“分工”是其中提到最多的。正如联盟对于未来的目标——“中国的企业都开展污染治理，建立环保体系，和民间环保组织的互动走向机制化”。面对这样一些“看似不可能”的行动目标，以战略联盟形式的合作，往往能够带来更大的力量，主要表现在以下几方面。

2. 广泛动员

在“绿色选择”行动中，一些机构的负责人认为：“不论是推动消费者进行绿色选择还是推动企业去管理供应商，都是很艰巨的任务。”对于消费者，民间环保组织需要要有动员的能力，而一家机构很难做到去动员消费者，在企业的方面，很多企业不愿意面对供应商的环境问题。而民间环保组织共同努力，不论在广度（多个省市的分布）还是在深度（不同机构对一些问题的持续追踪和探究）上，都可以增强消费者动员以及影响大企业的实力，以此不断接近目标。

3. 分散压力和风险

在具体的工作当中，经常面临来自企业的压力，而民间环保组织共同行动就能增强民间环保组织抵御压力的能力。当企业通过种种关系要求删除黑名单的时候，这需要34家组织一致同意，这样一来，来自企业方面的压力就能分散一些，民间环保组织也能承受住，而果如是单个的机构就很难承受。

4. 共同提供建设性解决方案

目前，与这34家民间环保组织开展合作的企业在逐渐增加，这推动了有污染纪录的企业来做出解释和说明。现在有290家的出现过环境问题的企业对他们的问题做出了解释和说明，并提出了整改的计划和行动。

34家民间环保组织将有污染的企业曝光之外，还重视企业对环境问题的解决方案。从一开始的不理解，到消除误解走向理解，共同推动问题解决，这是绿色选择联盟行动希望看到的结果，也是行动联盟的一个重要动力来源——各家组织通过各自的渠道和以往的行动经验，不断讨论和产生新的解决方案，这样源源不断的产出，是行动不断向前的一个建设性推力。

各显神通：在重大事件中倡导中的合作

环保民间组织单独在社会上能发出的声音相对较弱，而环保民间组织的一个重要工作领域是倡导，因此对于一些重大事件——尤其是突发事件的解决，联合发出声音有利扩大环保民间组织的社会影响力。

在政策倡导方面，近年来民间组织开始主动开展针对重大事件的有效合作，向政府有关部门和社会广大公众传达民间组织的不同声音，引起政府部门的关注和重视，并使民间组织的声音变得更加有分量。如近年来发生的北京的动物园搬迁争论、怒江事件、金光集团APP云南毁林、圆明园防渗膜等事件中，民间组织间的协作都得到了很好的体现。民间组织间的资源共享——联合专家、公众等力量使工作变得更加有效率。

在这些行动中，围绕怒江之争的各家民间环保组织合作是非常有代表性的。

案例5-3：怒江水电之争——整合资源，发挥各自优势的合作[1]

怒江保护行动的背景

2003年8月，国家发改委审查通过《怒江中下游水电规划报告》，批准在怒江中下游修建两库13级梯级水电站。此消息一披露，众多环保民间组织开始关注怒江水电开发，参与怒江水电争鸣，各自在此事件中扮演着不同的角色。

怒江保护行动的合作各方角色及分工

在这次行动中，绿家园主动扮演总体协调的角色，利用媒体优势，发动媒体调查、报道，组织摄影展，引发公众注意；环境与发展研究所（现已更名为"道和环境与发展研究所"）提供网络支持，建立了"情系怒江网"及"中国河网"，及时向公众和媒体传递怒江水电信息；云南绿色流域作为所在地民间环保组织对漫湾电站移民作了调查，发现移民并未因建坝生活得以提高，对云南省政府关于建坝移民有助脱贫的说法提出了质疑；自然之友、地球村等几十家民间环保组织作为中国河网成员合作组织公众在怒江建坝问题上进行讨论；中国环保民间组织也利用国际会议的机会积极呼吁国际社会的关注。

---

[1] 胥晓莺，曹海东."怒江保卫战"中的民间环保组织［J］. 商务周刊，2005：（11）. 促进不同领域、不同地域居民组织之间在环保领域的横向联系与合作［R］.中国国际民间组织合作促进会，2007.

怒江保护行动的过程概要

2003年11月底，在泰国举行的世界河流与人民反坝会议上，绿家园和自然之友等组织推动60多国的民间组织以大会的名义联合为保护怒江签名，并把签名递交给联合国教科文组织。联合国教科文组织为此专门回信，称其“关注怒江”。

2004年2月16~24日，北京和云南的20名环保人士、专家学者和新闻工作者，一起走进怒江，进行了为期9天的采访和考察，并拍摄了大量图片。

2004年3月21日，《情系怒江》大型图片摄影展在北京举行。

2004年3月26~29日，来自北京地球村、自然之友、绿家园等代表在第五届联合国公民社会论坛上，推动各国代表纷纷签名表示支持保留最后的生态江河——怒江。

怒江保护行动的成果

2004年3月，温家宝总理以“对这类引起社会高度关注，且有环保方面不同意见的大型水电工程，应慎重研究、科学决策”的批示，驳回了国家发改委呈递的怒江水电十三级开发规划。围绕怒江开发在社会上引起的公开争论终于暂告一个段落。

怒江水电开发之争过程中参与的环保民间组织和环保人士很多，参与的民间组织有数十家之多，这在中国的环保实践和行动中也并不多见。这也是环保民间组织第一次大规模介入国家大型建设项目的决策，可谓公众参与环境决策的破冰之举，意义非凡。目前，同行业组织，特别是环保民间组织在环保领域进行合作的形式是最为普及的。此事件中环保民间组织合作的特点为：（1）合作的基础为共同的理念和意识；（2）引发合作的原因是一件民间组织共同关注的环境事件；（3）合作的方式为各自发挥自己的优势，将资源整合在一起。

怒江保护行动中的民间组织面对突发的问题，迅速找到合作行动的目标，并分别发挥其组织优势和特点进行行动。有的利用国际会议机会表达鲜明观点、有的组织办展览、有的写信递交有关当局表达意见、有的联合签名呼吁慎重对待怒江水电开发等。

该类合作的效果是比较好的，能引起广泛的社会效应，甚至是决策层的关注，进而改变了事件发展的趋势。但是也应当看到，这类合作是自发性的，而且合作关系很松散，合作中并没有明确的分工，而是依靠“八仙过海”，事件结束后，合作即宣告结束，没有太多机制化的后续行动。

第三节　在差异中前行

民间环保组织合作中面临的挑战

虽然近年来我国环境民间环保组织在倡导领域的合作屡有亮点出现，但不容忽视的是，民间环保组织环境倡导合作过程中仍然面临很多挑战。这些挑战有些来自外部，不是组织独立能够解决的；有的则是组织自身的原因产生的。外部的挑战需要环保民间组织间合作解决，内部挑战则随着组织自身的发展而解决。

大多数的环境民间环保组织未能在民政部门注册，法律地位不明

很多民间组织无法在民政部门正式注册，不能取得合法身份，有的不得不以工商注册的身份进行环境倡导工作。由于法律地位的缺失，社会对民间组织从事的倡导工作缺乏基本的合法性认同，难以得到当地政府和社区的认可，对于跨机构和跨地域的合作，也会存在一定的风险。

缺乏民间组织合作的支持体系

到目前为止，我国还没有民间组织合作的支持、研究和明确分工的实施体系，缺乏专门的研究机构来从事研究民间组织合作的理论、经验和教训形成规范权威性的导向机构。民间组织在合作过程中，缺乏明确分工的实施体系，即专业化程度不够，造成民间组织的优势互补和资源共享的效率仍然比较低，难以更有效地开展有影响力的合作。

各机构之间沟通渠道不畅

互联网的发展虽然为机构的沟通提供了一个条件，然而很多民间环保组织仍然表现出机构间存在沟通不畅的问题，特别是对于民间组织不活跃的地区而言，他们对其他民间组织的情况、关注点和一般的工作范围了解较少，民间组织不能及时、有效地进行交流和沟通，无法促成合作。同时，一些民间组织不愿意将机构已有的资源和经验拿出来分享，因为资源的有限性和有些机构对合作理解的狭隘性，认为把机构的经验和别人分享了以后，别人很快就学到了，对机构自身的发展没有好处。组织之间存在保密性，阻碍了多方合作。

不同地域民间组织之间的合作成本偏高

不同地域的民间组织合作，由于交通不便、路程太远，面对面的交流成本肯定会增加。而且合作过程中，协调沟通必然是工作的一大部分，机构间协调的难度和量都很大，协调成本肯定比一个机构单独去做要大。合作成本的增加直接影响到合作双方信息交流和问题处理的效率，进而影响到项目实施的效果。而且，合作成本的上升对于新机构或资源不足的机构是个困扰，客观上阻碍了不同民间组织的有效合作。

资助机构关注范围有限

尽管存在很多资助来源（资助机构），但这些机构往往资助少数的民间组织去做具体的项目，而不太关注民间组织在中国的可持续发展，很少支持相对成熟的组织去帮助不成熟的组织。合作能力本身也是一种发展能力，这也需要资助，资助机构过度关注具体的产出，而不看中一些无形的产出，例如民间组织合作的能力、沟通的能力等，这样民间组织就很少有机会来培养他们的合作能力。

倡导的持续性和延展性不够

民间组织在环保领域的合作行动中，相当一部分可以用“虎头蛇尾”形容。多数联合倡导行动可以说是“热情有余，设计不足”——往往在行动之前，没有对合作的短、中、长期目标的清晰界定，为此，也就缺乏真正系统的行动方案。以至于行动在哪一步也不清楚。因此，一旦实力比较强的一家由于忙于他事，减少投入，或者“热度下降”，其他几家机构也容易慢慢淡出。

民间组织仍缺乏对彼此差异的理解

现有的环保倡导合作中，常常会有一个问题萦绕在组织各方，那就是如何看待各个组织之间的差异。作为合作各方中一员，每家组织都有自己的专长，也存在各自的弱点。行动过程中，常常有组织会抱怨一些伙伴拉了大家后腿；有些组织认为一些合作伙伴说得多做得少，有“摘桃”的嫌疑；还有些犹豫对问题的理解深度不同，造成合作目标和计划上的分歧，甚至导致合作的分裂。如何面对机构间存在的差异，是接下来民间环保组织环境倡导合作的一个现实挑战。[1]

加强环境倡导合作的途径

对于环境倡导中的合作，其实很多的方法、改善措施都应该融入实际行动中，真正的进步需要在实践中不断尝试和思考。在这方面，我们认为最关键的是：

第一，在合作前和合作的初期，能否真正明确各方价值观和目标的共识；

第二，在合作的过程中能否接受不同伙伴间的差异，找到彼此“不同”和“互补”的地方，并在差异中共同前行；

第三，在遇到重大困难或者重大成就的时候，能够跳出“机构利益”的小圈子，为了共同目标付出更多的担当和宽容，并在此基础上进行有效沟通；

第四，是否能够不断地尽心反思和总结，将合作的进展转化为可以分享和滚动发展的方法，并带动其他合作方共同进步。

同时，对于一些合作中不得不面对的问题或争议，我们建议，可以考虑在合作初期通过“协议”或“备忘录”的形式，将合作中大家的共同目标、彼此分工和投入资源情况等落实到纸面上。

---

[1] 中国国际民间组织合作促进会，促进不同领域、不同地域民间组织之间在环保领域的横向联系与合作［R］. 中国公民社会与环境治理项目，2007.

在2004～2006年间，多加组织合作推进的26度空调行动，在策划、分工以及倡导的实施等环节，都值得我们进一步探讨。也希望读者在这样的案例中，思考正在进行的或未来的合作中需要更注重哪些方面。

案例5-4："26度空调节能行动"联合倡议行动❶

"26度行动"的背景和缘起

自2003年以来，每年6～9月是电力供应最为紧张的四个月。媒体上强力炒作的"电荒"主要就是指每年夏季由于空调制冷而引起的电力供应不足。在这一背景下，2004年夏，北京六家民间组织联合倡议发起"26度空调节能行动"（简称"20度行动"）。通过联合行动的方式倡议在夏季用电高峰时期将空调温度调至不低于26℃。

"26度行动"的计划设计和实施情况

"26度行动"具有明确的目标和时间期限，由几家民间组织分别抽出人力组成了行动小组，经过对中国社会情况进行分析和判断后做出战略分析，设定了一个从2004～2006年的三年期限，实现两个中期目标，而最终目标是在第三年推动政府出台相关政策——控制夏季使用空调的温度不低于26 摄氏度。

2004年的中期目标为：广泛的发动与宣传，为26度空调节能概念进行铺垫；选择酒店这一特殊空调消费群体，通过对这一群体的集中倡导，推动该行业出台相应的行业规定限制空调温度。

第二年的中期目标是巩固第一年的成果，继续推动酒店、商场等公共场所对26度的实施，促进公建行业协会的政策出台。

第三年完成长期目标即促进更广泛的公共政策的出台，督促北京市政府建立全市目标，使空调温度不低于26摄氏度成为一项公共政策。

---

❶ 梁从诫. 中国的环境危局与突围［M］. 北京：社会科学文献出版社，2006.

1. 第一年基本达成预定目标

2004年6～9月，“26度行动”的各个合作方通过整个各自资源，联合在北京呼吁各级政府部门、驻京领使馆、跨国公司、国有民营企事业单位、城镇居民、商贸公司、宾馆饭店等空调用户加入到“26度行动”中来，针对不同目标群体广泛发动，通过行动制造新闻事件，提高媒体曝光率，为26度空调节能概念进行铺垫。主要行动包括：

6月26日，“26度行动”新闻发布会举行，几家组织的代表均出席并进行发言。来自几十家媒体的80多位记者参加，并进行了积极报道。此次新闻发布会还邀请到了环保局、发改委能源所以及旅游协会饭店行业标准制定方面的主管官员出席。

7月13日，即申奥成功三周年纪念日，六家民间环保组织的几十位成员身穿统一主题T恤衫，骑自行车到奥组委所在地。在奥组委，由几家民间组织代表共同向奥组委环境部余小萱部长递交了“‘26度空调节能行动’致全国人民的公开信”。

7月17日，几家民间环保组织共同向首批加入空调节能行动的10个单位颁发证书，表达对他们参与此活动的敬意。其中包括北京国际饭店、国家环保总局政研中心等。东城环保局局长分别发表讲话，高度赞扬了“26度行动”的意义。

7月28日，通过“环保小记者牵手大市长”活动，向小记者宣传节能理念，并请小记者们向接受采访的多名市长发出“26度行动”倡议。

2. 第二年针对政策环境改善进行目标调整

2005年6～9月，“26度行动”在北京再次启动，这次倡导行动重在承诺。各家民间环保组织形成有效分工，统一向办公楼、饭店、商场等公共场所发放“26 度承诺卡”，由愿意加入者填写，民间环保组织 在行动三个月中集中收集承诺卡并进行监督。主要活动有：

6月26日，“26度空调节能行动——2005我们承诺”活动再次启动，倡议环保系统的各大办公机构带头承诺，为其他部门及各界公众起表率作用。

7月2日开始，各家组织整合志愿者及媒体资源，组织多个志愿者团队和记者对北京76家公共建筑的室内温度进行多次抽查，并通过媒体报道予以监督。

7月29日，“26度行动”小组的代表走访发改委，递交节能建议书。

8月5日，召开“如何有效回应电力紧张形势和建立节约型社会”圆桌论坛。

“26度行动”的成果

2005年6月30日，温家宝总理在其题为“加快建设节约型社会”的讲话中明确提出：夏季办公室、会议室等办公区域的空调温度设置不得低于26 摄氏度；讲话还进一步指出，除重要活动和外事活动，其他公务活动可不着正装，以利节约能源。此番讲话一出，引发巨大的社会反响。

7月5日，国务院机关事务管理局及中共中央直属机关事务管理局发出《关于切实加强当前中央和国家机关资源节约工作的通知》，明确要求各单位“合理设置空调温度，办公室、会议室等办公区域的夏季空调温度设置不得低于26摄氏度，做到无人时不开空调，开空调时不开门窗”。

为应对夏季用电高峰，北京市政府提出，2005年7月1日至8月31日期间，北京市各级党政机关、事业单位办公楼空调温度要设定在26摄氏度以上。7月27日，北京市政府向全市法人单位发出“节约每一度电，为节能做贡献”的公开信，信中明确指出：宾馆饭店要将空调温度调高到26度以上；办公室及公共活动场所夏季空调温度都要设定在26度以上。

“26度行动”是一次民间组织跨机构合作进行环保倡导的成功尝试。在合作过程中，参与各方保持了较高的参与度。工作小组工作热情高，行动反应迅速。其成功的主要原因有：

合作基础较成熟，互信程度高。参与26度空调节能行动的多家民间组织在这个项目之前相互间就有过交流和合作，彼此对对方的工作领域、机构资源以及特长等已经相当熟悉，所以在非正式的、“闲聊”式交流的基础上就形成了合作意愿和构想，不像初次合作那样需要有彼此了解、建立信任的过程，减低了前期的沟通成本。

合作机构能力较强。几家合作机构都是较成熟的机构，具有一定的影响力和号召力，可以动员各种必要的资源，这些为合作进一步奠定了基础。

分工明确。各机构负责的人员在每次碰头时会把前面的活动稍微总结一下，前面活动哪些没有做到、没有做得很好、或者可以做得更好一些。下一次怎么来做、相互之间如何分工、在合作过程中谁负责这块工作要达到什么程度，都是特别明确的。

建立有效的沟通机制。各机构负责的人员平时主要通过E-mail联系，虽然人分布在六个不同的机构，但是工作过程当中感觉几乎是在一个办公室里面，有95%的信息都能达到同步。当时建立了专门的E-mail邮件组，使各机构的人员都能同步获得最新信息。而且，发起活动的6家机构都在同一个城市北京，所以沟通、合作非常便利。各机构的工作人员基本上每两周，甚至一周就碰一次面，保证了密切的合作关系。

保证足够的人力资源投入。由于各家组织宗旨、风格、工作领域不同，跨机构横向联合一向是个难题。以往的合作，往往只有一两家承担主要工作，其他组织只是参与联署、出席会议等行动。而“26度行动”实现了真正的多方参与和共同行动，在应对一些突发事件时显示出很好的反应能力。这次跨机构合作的成功，得益于成立了充分授权的行动小组，并建立了有效的沟通机制。虽然不能说每一个工作人员都是百分之百的投入，但小组中每个人至少投入了40%~50%的时间，才得以保证整个活动跟进的过程比较顺利。

保证必要的财务投入。参与的各方明确各机构人员的费用由各机构负责，同时中国民促会向德国伯尔基金会筹集了一定活动经费，保证活动的顺利开展。

建立机制，避免名利之争影响合作。在整个活动中，没有引进任何一家机构的标志，而是统一设置了“26度行动”的标志。不管谁去，不管哪个机构，在整个活动中，都是用统一的活动标志，而不是用本机构的标志。整个宣传的背景调幅都是一致的。活动还专门设立了一个“26度空调节能行动的网站”。

避免领导权之争影响合作。每家机构各自派出工作人员，形成合作联盟和行动小组。小组日常事务由各个机构轮值主持，避免因一家或几家机构主导可能造成的矛盾。

一位资深环保人士曾说：“我觉得合作网络如何组成，还是一个技术性的问题。更根本的原则性的问题，大家一直未有机会深入地、认真地、坦诚地拿出来思考过：这就是，在环境问题上，我们民间环保组织都同坐一条船上，作为团队里面的其中一员，每个人都有各自不同的位置，都有自己的专长，有各自的弱点，我们如何能够聚在一起，扬长避短，互补不足，相辅相成，让大家走在一起的时候，真正能够做出比自己一个人做得更多，也就是说：1+1=11的这种概念。这种在行业内部的团队意识，我觉得是长期以来都是非常薄弱的。说得再白一点，就是一个行业内部文化的建立过程。”

这或许是我们需要不断去探索的方向。

第四节　与社会各界的互动

与政府间的互动

环境保护公共空间传统上由政府垄断性占据。随着政府职能的转型和社会力量的兴起，社会组织的主体开始卷入进来。在同一份公共职能有两类主体加以执行时，就出现了相互间的关系问题。在功能执行方面，民间环保组织与政府的关系被认为有三种核心类型：[1]

第一，合作关系。在这一关系下，政府与民间环保组织执行同一类功能、追求同一个目标，并在其中相互合作、功能互补。民间组织与政府合作基于它特有的效率。政府可能会主动利用这一点，其方式可以是将政府用于公共服务的财政开支转移到民间组织这里，即由政府出钱，民间组织做事，还可以是政府降低税收，鼓励资金从社会流入民间组织，而政府则在相关政策、运作环境上给予鼓励与支持。

第二，补充关系。民间环保组织在功能上实现对政府功能的补充。也就是说，政府没有做到的、不想去做的事情，可以由民间环保组织来做。

第三，对立关系。在这一模式下，非政府部门激发、倡导政府进行公共政策变革并对公众承担义务；反过来，政府也试图影响民间组织的行为，规制他们的服务。

在环保领域，三种模式都很典型，而且具体模式取决于民间环保组织具体

[1] 梁从诫. 中国的环境危局与突围［M］. 北京：社会科学文献出版社，2006.

是在做什么事情。因为环保组织与地方政府在环境倡导的过程中既有功能目标一致的地方，又有各不相干、功能叠加的地方，还有功能对立之处，因而，合作、补充、对立三种情形都会出现。

根据清华大学民间环保组织研究所的专项研究，对于民间环保组织与政府间如何加强互动，有以下一些建议：

第一，使用一个新的概念“环保公益组织”，呼吁环保组织致力于环境保护领域的各种公益项目和公益活动，并努力将环保公益项目及活动与各级政府的可持续发展规划、绿色GDP等政府绩效考核目标等相结合，找到具体的结合点，推动环保组织大力开展社会公益活动。

第二，联合各类各地的环保民间组织共同建设一个综合性的绿色环保评价体系，由环保民间组织牵头，以公众参与的形式在全国范围内组织开展“环境友好型城市”、“环境友好型企业”、“环境友好型社区”、“环境友好型校园”等的评奖活动。

第三，鼓励已经退下来的各级政府的领导同志，包括党政军等机关的负责同志以志愿者的身份参加环保民间组织所开展的环保公益活动，努力发挥其与党政机关之间的密切联系及所形成的社会资本，发挥余热，必要时可请其担任会长。

第四，鼓励环保民间组织将其在实践中取得较成功的合作案例定期或不定期地汇总起来，邀请相关专业师生，在充分调研的基础上，编写环保组织与政府成功合作的教学案例，用于相关院校面向中高层政府官员的MPA教学。

第五，搭建一个关于环保民间组织与政府合作的共享信息平台，定期出版简报，同时建议和推动国家环保总局建立一个能够直接联络环保民间组织的制度化的平台。

第六，推动现行法规进行必要的完善，加强环保民间组织对环境保护相关专业知识和能力的训练，积极参与环境影响评价工作。

第七，加强环保民间组织积极与政府和企业合作，大力推动和促进节能环保型高科技成果的应用和推广。

第八，推动国家环保部加强和地方环保民间组织的合作，各地民间组织应努力争当国家环保部在当地的环保检测信息提供的管道。

第九，加强环保民间组织的能力建设，在与政府合作中充分发挥环保民间组织的专业化、群众性等优势，充分考虑政府所面临的困难和需要，向政府提出切实可行的环保建议。

第十，加强和各级人大代表、政协委员的联系沟通，发挥人大代表和政协委员的作用，通过人大和政协提出相关议案或提案，并建立关注环保的人大代表和政协委员的数据库。

第十一，建议国家环保总局参照扶贫、社会福利、社区矫正及公共卫生等领域的成功经验和做法，逐步推动面向环保民间组织的政府采购服务。

第十二，推动建立民间的环境保护预警机制，在污染事件发生之前告知政府可能发生的事件及其危害和影响。

与法律界的互动

尽管国内已经有一些环保民间环保组织开展了以法律手段推动环境倡导的行动，其中也有成功的案例，但不能否认的是，民间环保组织以法律手段推动环境治理还只是处于起步阶段，环保民间环保组织在运用法律手段保护环境的过程中还面临着许多亟待解决的难题。

根据中国政法大学污染受害者帮助中心的调查，合法主体地位的缺失是环保民间环保组织运用法律手段推动环境治理所面临的挑战之一。由于目前民间组织的注册门槛依然很高，许多草根民间环保组织因为找不到业务主管单位而注册无门，实际上处于一种非法的运行状态。由于不具备合法地位，许多草根民间环保组织制度不健全，没有一个稳固的活动平台，活动的力度和影响减弱，这在很大程度上制约了民间环保组织在环境治理中作用的发挥。

环保民间环保组织的诉讼主体地位不适格是制约环保民间环保组织以法律手段推动环境治理的另一因素。在我国现行的诉讼制度中，只有直接利害关系人才能提起诉讼，环保民间环保组织为环境公益提起诉讼难以被法院受理，也就无法启动司法程序来保护环境权益，这在很大程度上束缚了环保民间环保组织的诉讼行动。

另外，很多环保民间环保组织对于运用法律手段应对环境破坏还存在顾虑。如温州绿眼睛环境文化中心也有类似的遭遇：他们曾将一名捕猎国家一级保护动物猫头鹰的非法狩猎者送上了法庭，最终法院判定该犯罪嫌疑人犯有非法狩猎罪并判处其有期徒刑两年，该犯扬言要在出狱后对绿眼睛的相关人员进行报复。于是，绿眼睛环境文化中心在后来的工作中改变了策略，尽量采取非诉讼的手段来保护环境。

2007年4月，在由中国政法大学污染受害者法律帮助中心（CLAPV）组织召开的“民间环保组织以法律手段推动环境治理”研讨会上，与会的环保民间环保组织代表、律师和环境法专家共同签署了一份题为“我们相信法律”的倡议书，表示将在今后的环境保护工作中充分运用法律手段。倡议书中写道：“民间环保组织应加强自身的法律能力建设、提高以法律手段推动环境治理的意识及能力；民间环保组织、律师及环境法学者应与有法律需求的民间环保组织协作互助，全力构建以法律手段推动环境治理的协作平台。”

在其后的三年中，很多环保组织加强了与法律界的互动。一些组织已经开始聘请律师参与环境倡导工作中，如自然之友、绿色潇湘、绿石、绿满江淮等，其中有些律师以志愿者的身份参与，有些则是兼职甚至全职工作人员的角色——律师的参与对于民间环保组织更有效推动改变，有着很积极的意义；还有不少的组织，在政府信息公开、企业环境守法等方面与法律专业的学者结成了长期的合作；在环境公益诉讼开始出现在公众视野后，很多民间环保组织也开始与各地法院、法庭接触，期望通过这种手段来达致环境倡导的目标。这些都是今后环保组织与法律界互动的基础和发展方向。

近年来，民间组织在申请信息公开、行政复议和民事/行政诉讼方面，越来越多地和律师进行实践上的合作。在2009年重庆绿色志愿者联合会的行动中，就有很典型的体现。

案例5-5：重庆绿联会提起公益行政复议[1]

绿联会提起公益行政复议的背景

2009年6月11日，环境保护部叫停华能和华电两大国有发电集团在金沙江中游正在建设的两个水电项目，并对两大电力集团实施区域限批。

---

[1] 夏军，郄建荣. 中国环境发展报告2010［M］. 北京：社会科学文献出版社，2011.

环保部披露了这两个电站项目环评报告未经审批就擅自开工，并在2009年1月对金沙江进行截流的违法事实，认为这两家电站的违法行为“对金沙江中游生态影响较大”。环保部开出的罚单是：责令该项目停止主坝建设，采取有效措施确保上下游围堰安全度汛，对环境影响进行补充论证，并根据论证结论进一步完善环境影响评价。

但是，由于各种主客观因素的制约，环保部在6月份所作的行政处罚，存在一些瑕疵及缺陷，不可能解决金沙江水电开发的所有问题；而发改委、环保部针对水电工程所做出的“三通一平”和主体工程环评可以分成两步做、两步审批的规定也需要加以纠正。有鉴于此，作为行动型环保社团法人的重庆市绿色志愿者联合会（简称“绿联会”），在北京市中咨律师事务所律师的协助下，针对两电站的违法事实提起公益行政复议和公益民事诉讼，以公众的身份维护环境影响评价法的权威，监督金沙江中游水电开发的有序进行。

绿联会提起公益行政复议的历程

2009年7月14日，绿联会以环境保护部《关于责令金沙江鲁地拉水电站停止建设的通知》和《关于责令金沙江龙开口水电站停止建设的通知》适用法律不全、所作处罚过轻为由，向环保部申请行政复议，请求撤销这两个通知，重新作出行政处罚：明令全面停止金沙江水电站工程建设，对违法企业处以最高额罚款，对有关领导追究行政责任，有效制止破坏环境影响评价法实施的违法行为。绿联会申请行政复议的意图是通过公益法律行动，推动公众参与环境保护，促使政府部门进一步改进工作，认真维护法律权威和公众利益，落实科学发展观，实现经济社会的可持续发展。

与此同时，绿联会不服发改委2007年作出的《金沙江中游梨园、阿海、龙开口和鲁地拉水电站开展前期工作的复函》，请求撤销这个文件，责令建设单位全面停止四个水电站的建设，在完成项目核准手续之前，不得进行任何形式的现场施工活动，并要求一并撤销规定水电工程实行两步环评的“红头文件”，即原国家环境保护总局、国家发展和改革委员会《关于加强水电建设环境保护工作的通知》（环发[2005]13号）的相关规定。

7月底至8月初，绿联会通过与环保部相关司处对话沟通，充分理解了环保部在金沙江中游水利资源开发环境监管中所做的积极而有成效的工作。鉴于环保部诚恳表示要进一步加强把关和严肃执法，进一步重视民间组织在环境保护中的监督作用，该会决定撤销行政复议申请。国内第一例由民间环保组织提起的环境公益行政复议案就这样宣告结案。

然而，7月29日，发改委向绿联会作出《不予受理行政复议申请决定书》，理由是“申请人与具体行政行为无利害关系”。随后，绿联会向国务院法制办提交《请求督促责令国家发展改革委受理行政复议申请的申请书》，并准备在投诉无果的情况下，起诉国家发改委“行政复议不作为”。

绿联会认为，现行法律为环境公益行政复议预留了超出行政诉讼法的广阔空间。从《行政复议法》第6条第11项的规定来看，公民、法人或者其他组织认为行政机关的其他具体行政行为侵犯其合法权益的，都可以申请行政复议，包括具体行政行为侵犯传统民事权利以外的合法利益。金沙江水电站工程建设以及国家发改委同意前期工作的复函，必然影响该会成员的环境权益，最主要地体现在对自然生态的观赏权。环境权益是《环境影响评价法》第11条规定的应当保护的公众合法权益。公民对大自然的观赏权，虽然未见之于我国法律的明文规定，不是人身权、财产权范畴，但是属于我国法律保护的合法环境利益，是公民参与环境保护工作的依据之一，可以归入《行政复议法》第6条第11项所称的“合法权益”。该会为了保护会员观赏长江美景的合法精神利益，保护公众对长江生态健康的环境权益，应当有资格对政府相关环境决策充分行使监督权，包括依法申请公益行政复议。

绿联会提起公益行政复议的结果

7月30日，环保部环评司司长邀请绿联会负责人进行了一次两小时左右的面谈，之后绿联会表示对会面成效感到满意。他们说，绿联会与环保部应该是伙伴关系，“我们的目标是一致的。鉴于环保部表示要进一步严格把关和采取相应措施，维护环境影响评价法的权威，监督金沙江中游水电站建设的有序进行，绿联会申请行政复议的大部分目的已经实现。”

在这整个的过程中，中咨律师事务所的合作律师起到了非常关键的作用，从行政复议想法的提出，到具体文案写作和提交申请的操作，以至于全过程中的风险评估，律师都发挥了专业的力量。而律师和绿联会彼此的高度信任以及目标趋同，也使得行动可以顺利开展。而这样的行动，不仅仅在制度上有所触动，更通过媒体和各种传播渠道，让全社会进一步了解了金沙江的环境争议，以及发挥行政作为对于环境保护的重要性。

与媒体的互动

在我国的环境保护倡导行动中，媒体是非常重要的一个互动对象，通过媒体来达到民间环保组织发声、放大事件影响以及传递重要信息等效果，已经成为了众多环保组织较为熟悉的工作方法。近年来，环保组织工作能力有所提升，而媒体在环境与可持续发展领域的报道空间也扩大很多，加上新媒体的层出不穷（如现在很多民间环保组织热衷使用的微博），使得环保倡导与媒体的互动愈发持续且需要不断创新方式。

在如何与媒体互动这个问题上，周梅月女士撰写的《草根组织媒体工作手册》是一本非常实用的指南，在此特别推荐。书中如此描述民间环保组织和媒体诉求的关系：

表5-3 民间环保组织和媒体诉求的关系

媒体目标诉求类型	媒体报道形式	时机
全国性媒体	如果话题和主题诉求是关乎政策或行政管理的，那么宜请覆盖全国的探索性的媒体来采访和报道；如果是关于社会民生的，则宜请受百姓欢迎的全国类消费类生活类的平面媒体和网络媒体来报道，比如都市报、晚报、腾讯网等	某个特殊的日子，比如某突然事件发生或天灾人祸之后，某新政策颁布之时，等；以及一些纪念日和节日，比如：国际环境日、世界粮食日、植树节、《京都议定书》等国际性条约签署纪念日；或者某项目完成的日子
省级媒体（若题材涉及好几个省份，则需要好几个省的省级媒体）	如果话题和主题诉求是关乎政策或行政管理的，那么宜请省级的探索性的媒体来采访和报道；如果是关于社会民生的，则宜请省级的受百姓欢迎的消费类生活类平面媒体和网络媒体来报道，比如都市报、晚报、腾讯网等	基本同上
县级或市级媒体	话题与主题诉求只在本县或本市范围的时候，适宜请本县或本市的市民类媒体和网络媒体来报道	除了上述日子以外，还包括传统节日前后，比如春节、清明节、端午节等，以突出故事的人情味

草根组织与媒体之间的关系应当是长期的关系，是相互平等、相互独立，又相互吸引、相互影响的关系。在某些特定的环境下，草根组织与媒体是可以手拉手肩并肩地进行合作的。

需要强调的是，无论一个草根组织发布的是哪一类的新闻，在大多数情况下均适宜使用网络媒体（即网站、论坛、微博、博客、BBS、QQ群、MSN、SKYPE、雅虎通、电子邮件等）。甚至可以说，网络媒体因其平民性、公开透明性和互动性，仿佛是专为草根组织而产生的。草根组织应当尽可能多使用网络媒体。这一点在下文中还将述及。

建议民间组织在和媒体互动时掌握以下原则：

（1）先找本地媒体，若本地媒体不感兴趣，再找上一级媒体。

（2）先找本地的与草根组织从事的专业相关的媒体。

（3）多媒体：既找纸媒体，报纸杂志，又找电视这样的视觉媒体、广播等听觉媒体，还要找网络媒体。

同时，比较典型的环保组织的新闻适宜采用：

（1）网络媒体、听觉媒体和市民媒体。

（2）深度的调查性报道。

（3）以声情并茂的“讲故事”的形式作为报道的主要方式。

（4）辅以直观的报道方式，比如图片、录音、录像、视频、在线报道等。[1]

根据相关报告所述，目前中国环保民间环保组织与媒体的互动关系，大致呈现出以下三个表现。[2]

借重媒体是环保民间环保组织倡导的重要工作手法

中国媒体与环保民间环保组织的特殊关系使媒体成了环保民间环保组织成长发展中不可或缺的因素。主动联系媒体寻求报道，是一个普遍的做法。

---

[1] 周梅月. 草根组织媒体工作手册［M］. 中国国际民间组织合作促进会，德国伯尔基金会，2009.

[2] 刘海英. 加强中国环保NGO与媒体合作［R］. 中国的公民社会与环境治项目，2007.

根据中国环保联合会的一项调查显示，在与媒体和公众的关系方面，借助媒体扩大影响力进而得到社会公众的支持已成为我国环保民间组织的共识。79.4%的环保民间组织被媒体报道宣传过；90%以上的环保民间组织经常组织公众参与环保活动；63.4%的环保民间组织与学校有合作关系；41.7%的环保民间组织与研究机构有合作。

媒体人员民间环保组织化

按照西方新闻学的观点，媒体立场是客观中立的，是新闻的观察者而不是参与者。但中国媒体记者在环境民间环保组织中却往往深度参与，这被称为“中国媒体的民间环保组织化”，更确切地说，是媒体人员的民间环保组织化。直到现在，很多民间环保组织的创办人、理事甚至主要的工作领导者，都同时拥有媒体工作者的身份。

民间环保组织成为媒体联系各方的平台，甚至培训环境记者的基地

自2000年起，几个关注环保的记者成立了“环境记者沙龙”，这个沙龙的运作本身就是一个民间环保组织。每月请专家给那些记者进行科学普及或者信息交流。很多重大环境事件的线索就是从这里发布出去的。很多民间环保组织有了新的项目要发布，或者重要的对话，也都拿到这个平台来。

例如，绿家园的一个志愿者，也是一个记者，得知北戴河一块东北亚鸟类迁徙的重要湿地上将要建一个会议中心，将这个消息在沙龙上发布，引起媒体的广泛关注，惊动了河北省的有关领导，湿地保留了下来。后来的“北京动物园保卫战”、顺义湿地要建高尔夫球场等消息都是从这里发布出去的。

梁晓燕是自然之友的发起人之一，也曾担任天下溪咨询中心的负责人，对于环保倡导领域中民间环保组织和媒体的互动有着长期的观察。她认为，与其他国家相比，中国的环保民间环保组织与媒体的关系较为特殊，这个特殊的关系是在中国现有的政治和社会状况下才凸现出来的。她从两个方面分析这个特殊性。

第一个特点，环保民间环保组织缺乏社会动员手段,与媒体合作成为其中的主要方式。

在一个大众参与机制相对健全的国家，一个组织的社会动员手段有多种，当民间环保组织发起一个议题的时候可以用倡导的手段、反对手段、遏制手段等，但是现在中国其他的手段都不容易使用，因此只有与媒体合作，通过媒体去放大民间环保组织声音，这点可行性更大一些。

第二个特点，许多问题可以通过媒体报道影响到行政体系。

民间环保组织提出环境问题，揭露一些环境案件，以及一些环境问题引起的其他社会问题，目的是为了解决问题，但是中国解决问题的途径高度行政化，而中国的媒体是有行政级别的，因此解决社会问题，必须惊动上一级的媒体，通过上一级的媒体发布给上一级的政府，形成干预的动力，这时候问题才容易解决。尽管很多环境问题都是地方性的，但是很多地方媒体参与困难，这就会有全国性或者中央性的媒体在里面起到很大的作用。这里的媒体不仅仅只起公共舆论的作用。就因为媒体是有级别的，他在不同级别的媒体可能起到的作用对行政权利构成约束和影响，这也是媒体和民间环保组织互动非常多的原因。

第三个特点，媒体能够为环保民间环保组织在解决环境问题的手段方面提供相对特殊的渠道。

尽管如今还有不少信息无法通过媒体进行传播，但是很多媒体都有内参部门，公开报道不出去的媒体会考虑通过内参送达相关部门，如国家环保总局或国务院办公厅，它有各种渠道，也能发挥作用，比如法律问题可以解决。很多记者因为职业关系有很多人脉，交了记者朋友也就有很多办法可以得到一些意外的帮助。

第四个特点，媒体也满足了不同工作内容的环境民间环保组织的不同需求。

世界自然基金会是最早进入中国开展项目的国际环境民间环保组织之一，它和企业和各地、各级政府部分有很好的合作关系。该机构的媒体官员说，与媒体的合作，还可以促进与合作伙伴的关系。这些合作伙伴事实上也需要媒体宣传他们所做的，促使他们更多地关注我们的项目。

而对于专业性很强的民间环保组织的工作，媒体的报道，也有普及某个领域专业知识的作用。中国政法大学污染受害者法律援助中心的工作专业性比较强，比如，涉及环境维权的活动，所以跟媒体的合作，一方面推广了中心的项目，另一方面提高机构的声望，更重要的是，起到提高公众的环境意识和公众的法律意识，以及公众以法律的手段维权的意识，同时也是为了发挥媒体的监督作用，因为媒体报道以后可以扩大其社会的影响，也可以监督污染企业的行为，还有监督政府和司法部门在执法过程中的行为。

四、与企业的互动

当今的环境倡导领域，环保组织与企业的互动越来越频繁，不论在共同推动环境改善，还是监督环境手法以至于对抗污染行为，都能够看到民间环保组织和企业的关联。而近年来的现状是，仍然存在大量企业的污染行为，这也是我国环境组织对企业一个重要的倡导方向。本书的这部分将通过上海的一个案例，对此进行探讨。

案例5-6：民间环保组织参与解决“富国污染”问题

（1）民间环保组织解决“富国污染”的背景

富国皮革厂全称“上海富国皮革工业股份有限公司”。令人惊讶的是，在上海市、宝山区两级环保部门的相关档案中，富国皮革竟然留下了2004~2009年连续六年的污染纪录，还曾擅自闲置大气污染治理设施，并多次被列为环保违法企业。临近的上海大学新校区以及北章村、上大聚丰园、祁连新村等居民区长年为臭气所困，不少居民都因此患上了呼吸道疾病，如气管炎、支气管炎、慢性肺炎等，还有得了肺癌并因此死亡。

社区居民常常闻到已为他们十分熟悉的“富国味”，近年来，上大地区居民多次向相关部门和领导投诉、向法院起诉环境问题，投诉面向的部门从镇政府、到区环保部门、到市环保部门、市政府、市委，再到国家环保部，逐级向上，但污染问题仍然没有根本解决。

民间环保组织解决“富国污染”的过程

2009年，公众环境研究中心（IPE）、自然之友(FON)和自然之友上海小组三方共同介入到富国皮革污染的问题当中，孚取了以下行动：

行动之一：FON上海小组进入现场

FON北京办公室和上海小组获知相关信息后，十分关注。小组成员邀请律师进行了多次探讨，确定了行动方案。

依照FON上海小组成员的分工，一部分志愿者承担起以个人名义申请政府信息公开的工作。

在获知富国皮革的污染问题之后，2009年2月底和6月中下旬，上海小组成员先后多次到富国皮革周边和深受污染侵害的社区，进行现场调研，受到了社区居民的热情欢迎。他们结识了那些长期坚持抗争的居民，了解了他们的具体感受，不仅证实了富国皮革长期污染的事实，更是知晓了社区居民坚持近10年的投诉抗争。环保民间环保组织第一次与社区积极居民间建立起了信任和联络渠道，为日后的共同行动做了铺垫，也为环保民间环保组织行动策略的形成做好了基础性工作。

行动之二：环保民间环保组织联合向企业提交环境信息公开提示信

在上海小组工作的基础上，FON北京办公室和IPE于2009年6月22日举行了联席工作会议，制定针对富国皮革的下一步行动方案。

首先采取行动的，是FON、IPE等中国大陆具有一定影响力的18家环保民间环保组织。这些组织于6月26日联合向富国皮革发出了《企业环境信息公开提示信》，依法要求富国皮革在2009年7月5日前，向社会公开主要污染物的排放数据。环保民间环保组织的这一行动既是依法行事，也是想给污染多年的富国皮革一个争取主动的机会。出乎意料，富国皮革的回答竟是沉默，没有任何一家环保民间环保组织收到富国皮革的回复。

行动之三：启动富国皮革的供应链追溯

启动绿色供应链追溯，也是FON北京办公室和IPE制定的行动方案之一。还在准备《企业环境信息公开提示信》的同时，IPE和FON北京办公室就已经开始搜索富国皮革的供应链。

Timberland是美国生产包括服装、鞋类、雨具、手表等户外休闲产品的顶级休闲品牌，富国皮革是其重要原料供应商之一。2009年7月13日，以FON和IPE的名义就环境违规问题致Timberland美国总部及其首席执行官Jeff Swartz的信发出。

供应链追溯行动果然收到了成效。7月16日，Timberland中国公司工作人员致电IPE办公室，询问相关情况；同一天，富国皮革工作人员致电IPE办公室，就其环境违法事实进行沟通和申辩。这是富国皮革方第一次正式面对中国环保民间环保组织的回应。而这一回应的发生显然来自Timberland的压力。

然而，Timberland并非是收到民间环保组织信件那一天决定采取行动的。除了中国公司工作人员的一个询问电话，作为一家巨型跨国公司，Timberland公司美国总部竟然连份收到邮件的确认回函都没有。失掉起码礼节的背后，或许蕴含着对中国环保民间环保组织的忽视。

2009年7月20日，IPE办公室不得不通过美国一家环保组织，向Timberland美国总部查询邮件是否收到。7月21日，IPE收到了这一美国环保组织转来的邮件，称Timberland公司美国总部确认收到了FON和IPE写给其首席执行官Jeff Swartz先生的信件，同时表示将在适当时候给予答复。然而，这一所谓“答复”迟迟未见。

行动之四：媒体行动震动富国皮革

在FON和IPE的行动方案中，媒体行动是重要一环。FON北京办公室和IPE及时向相关媒体通报了富国皮革长期严重污染的重要信息，以及全国18家环保民间环保组织予以质询却招致冷遇的情况。

一些敏感的媒体立即有了反应。中国经济网于2009年7月31日和8月6日，向中国公众报道了上海富国皮革严重污染事件。香港英文报纸East China Morning Post（《南华早报》）于8月7日发表了题为Timberland Linked to Polluting Factories（《Timberland与污染工厂有染》）的文章，将上海富国皮革的严重污染问题以及诸多国际品牌仍与其维持业务关系的情况首次公诸于全球英语读者面前中。

媒体的介入，尤其是英文版《南华早报》文章的发表，引起了在全球拥有广阔市场的Timberland和富国皮革的强烈反应。8月8日北京时间凌晨3：02，即《南华早报》文章发表尚不足一天，Timberland美国总部官员Arne May致信FON和IPE。这一“凌晨”举动让IPE工作人员十分感慨：即便如Timberland这样的美国企业，如果没有媒体的介入和压力，也不会积极回应民间环保组织的提示。

此后，无论Timberland还是富国皮革，都是动作频频。

2009年8月10日，Timberland中国公司一官员致电IPE办公室，询问富国皮革污染问题的详情；同时解释说，Timberland通常都依靠英国皮革协会（BLC）对供应商进行审核，自己通常不再关注企业的具体运作。而依据BLC的审核报告，富国皮革曾于2007年和2009年5月两度获得银牌，也就是达到了及格和及格以上的标准。IPE工作人员询问：富国皮革那么多的污染纪录都没有查到过？这位官员表示自己也很吃惊，称美国方面正在重新审查BLC的审核过程。

8月11日，富国皮革致电IPE，对自己的污染问题再次进行申辩。

8月12日，Timberland中国公司官员再次致电IPE，称其在四个月前已经开始减少对富国订单，并打算在两个月内终止；同时表示，会联系其他使用富国皮革的朋友，一起给富国以压力。

8月上中旬，FON和IPE与Timberland美国总部多次邮件往返，相互沟通，交换看法。

8月19日，Timberland中国公司官员来到IPE办公室进行沟通。据他了解，富国皮革在其污染问题见报后，在整改上一直处于游离和敷衍状态，Timberland已准备退出与富国的合作。这位官员承认，以前将皮革环保审核环节都外包出去是认识上有问题。这位官员还表示，接受FON和IPE的建议，在以后的环保审核中将纳入公众意见。

民间环保组织解决“富国污染”的成果

正是在环保民间环保组织的介入和种种压力下，富国皮革不得不开始有所动作。而这些行动逐渐演化为社区居民、环保民间环保组织与污染企业间的良性互动，促使事态向着有利于居民诉求得到正当伸张、企业开始整治、生态环境有所改善的良好方向发展。

成果之一：富国皮革举行“公众开放日”

面对种种压力，富国皮革总裁兼CEO鲍博华终于不再回避，开始正视现实，在与FON北京办公室和IPE沟通后，表示接受建议，计划进行第三方审核；并拟于2009年9月23日在上海富国皮革公司举办一次“公众开放日”活动（Open House Event），邀请社区居民和其他相关各方参加。

经过各方协商，社区居民派出了8位代表。FON上海小组两位成员作为环保民间环保组织代表参加。

2009年9月23日下午的整个开放日活动出乎意料地轻松、坦诚。在FON上海小组成员的鼓励下，社区居民们义不容辞地坐在了前排主角位置，并且抓住机会，向富国高层详尽陈述了多年来饱受富国臭气的感受。8位居民代表几乎都发了言。鲍博华和富国其他高层也介绍了已经做的整改工作以及正准备进行的各种整治措施，并承诺一旦居民再次闻到臭味，可以随时打电话直接找鲍博华投诉。按照事先的设计，FON上海小组成员提出了保留一份各方签字确认的开放日活动备忘录的建议，得到了富国方的同意，只是鲍博华考虑后没有在上面签字，让他的一位副手代表富国签了字。

“公众开放日”活动能够在理性、平和、真诚和开放的氛围中顺利进行，为社区居民和环保民间环保组织通过合作、协商方式解决富国皮革污染问题增加了信心。

成果之二：富国的公开检测活动和居民投诉

为了体现在公众开放日活动时的承诺，随后不久富国皮革向居民代表和FON上海小组发出了共同参与月度厂区空气检测的邀请。

然而，这一邀请遭到了居民代表的拒绝。因为这并非是FON北京办公室和IPE建议的第三方审核，而是由富国皮革方单独聘请、单方安排的检测机构来对厂区空气进行检测。居民们认为，参与这种检测并不能真正起到监督作用，相反，却可能成为富国皮革掩盖其污染行为的遮羞布。由此可见，社区居民与富国皮革间依然存有深刻的不信任。

成果之三：富国皮革第三方审核的进行

2010年2月1日，富国皮革总裁兼CEO鲍博华第一次来到了FON北京办公室，与李波、马军就富国皮革污染问题进行商谈。马军向富国提出了公布企业对过往违规事故及其采取的整改措施的解释说明，公布政府部门对企业的环境监测报告和其他后续监管文件，定期公示企业排放数据以及通过第三方审核，向公众证明其整改和环境守法状况等四点建议。鲍博华愿意考虑开展第三方审核，同时愿意邀请环保民间环保组织和社区代表参与监督审核。

在此次商谈中，FON北京办公室和IPE了解到，富国皮革已经在上海停产了的产生臭气最严重的毛皮鞣制生产工艺环节，已准备在辽宁省阜新市清河区建厂投产；遂向鲍博华提示，希望富国皮革从一开始就严格环保措施，并对公众公示其排放数据，以便将其置于社会监督之下。

2010年4月19～20日，第三方审核在富国皮革公司现场进行。委托此次审核的环保民间环保组织已从最初的18家增加到了34家。

负责此次审核的机构是由FON北京办公室和IPE推荐、富国皮革选择的美国知名机构AECOM。此次审核同IPE以往曾经发起的审核有所不同，不仅在监督者中有周边居民代表参加，而且在文件审核和现场审核的基础上还增加了居民采访的环节。同时。在审核过程中采取了针对性访谈和随机访谈的方式。针对性访谈主要是对参加监督审核的环保民间环保组织成员和居民代表进行情况了解。随机访谈主要是对富国公司周边居民采取的随机访问。

在这个案例中，环保组织推动了社区居民、民间环保组织与污染企业三方之间公开透明的博弈，将原先已成一触即发的污染矛盾，开始转化成为在理性、平和、开放氛围中的对话与互动。社区居民已经常利用这一渠道向富国皮革表达自己的诉求。如今，周边居民对富国皮革的抱怨、投诉已经大为减少。

当然，环境倡导过程中和企业的互动，并不仅限于监督企业环境表现和化解环境冲突，如何推动企业更好地在环境管理方面遵守法律法规、如何与企业共同探索履行社会责任之道、如何与企业在地方性的环境保护目标上共同行动等、如何影响企业员工在自身行为中融入环保元素等等都是我们行动的空间。

其他互动

除了与政府、法律界、媒体、企业的互动外，其他社会各界力量也是非常重要的合作对象。只有成功发动全社会的关注，环境问题才能得到妥善的解决。在这方面我们可以借鉴香港地球之友在红湾半岛事件中的做法。

案例5–7：香港地球之友介入红湾半岛事件[1]

香港地球之友是于1983年在香港成立的慈善团体，是香港主要的环保团体之一。香港地球之友的目标，是透过推动政府、企业和公众，共建可持续发展的环保政策、商业方式和生活形态，以保护香港及邻近地区的环境。

红湾半岛位于九龙半岛南端，是香港特区政府“居者有其屋”项目于2002年底建成的公共房屋，由40层高的楼宇7栋，共2 470套住宅组成。由于地理位置在维多利亚海港旁，享有“无敌”海景，因此红湾半岛被称为香港“居屋皇”，成为香港老百姓梦寐以求的安乐窝。因为高地价政策，私楼的卖价寸金尺土，普通中低档收入家庭唯有轮候租用公屋或入住“居者有其屋”。2002年11月，香港政府考虑楼市低迷，宣布停建和停售居屋，为此红湾半岛一直搁置至2004年。2004年2月，政府将红湾半岛出售。尔后接盘的开发商宣布拆迁红湾，改建豪宅以获取更大利润。香港地产行业质疑红湾半岛的“地价”与它的“身份”错配，糟蹋了“无敌”海景土地的价值。换句话说，居屋要让路给豪宅，老百姓要让路给富有买家。拆掉7幢全新大楼的理由是要纠正红湾半岛这个土地资源错配的错误。消息传出，环保团体、议员和邻近居民纷纷谴责开发商，并批评政府。

香港地球之友从2004年3月至11月底，香港地球之友发动了一连串的社会反思和社会力量，引发全民的关注和讨论。具体从以下几个方面开展了合作倡导活动。

联合环保团体，发表联合声明

在事件之初，香港地球之友就联合香港长春社、绿色和平、绿色力量、世界自然（香港）基金会发表公开信，谴责开发商的有违环保的行为，声明拆卸重建的危害。

---

[1] 资料来源于香港地球之友网站，http://www.foe.org.hk/.

发动附近学校，开展公众宣传教育活动

香港地球之友致函邻近的香港理工大学校长，呼吁师生关注。与附近的马头涌官立小学的校长、老师和同学会面，倾听他们对拆建将会产生的巨大粉尘和噪声污染的忧虑，代他们反映意见并争取援助。香港地球之友还联络了香港教育专业人员协会，把红湾半岛“未用即弃”的错误价值观作为典型的社会反面教材带入课堂，展开公德教育。一时间红湾半岛事件成为香港的热门课题。并与教协连手安排一个“拆红湾、天无眼、亲子环保行”的游览活动，带家长和孩子绕红湾半岛走一个圈，由专人讲解红湾的核心价值问题，超过2000人参加了亲子环保公德教育活动。实地参与活动的效果远远大于抽象的环境知识的教育。

召开联合公听会

香港地球之友安排联合公听会，得到 30多个社会人士和团体代表参加，包括受影响的小学的校长、家长、住“公屋”的市民、大学生、社工代表、劳工代表、宗教代表、环保界代表、教育界代表、露宿者代表以及立法会议员来分享他们的看法。从不同的阶层，不同的价值观以及不同的群体利益评价拆掉红湾半岛的事件。各界一致认为未用即弃违背天理，违背公德。间接地给了政府和地产商信息和压力。

从法理中求助

香港特区的立法会是香港最高的立法和决策机关，由民选和功能组别议员组成的。立法会内的环境事务小组是专责监督和决定香港的环保政策和追究问题。香港地球之友向环境事务小组寻求援助，于2004年4月邀请立法会议员和地区议员实地考察红湾半岛，并请他们关注。在最后关头，代表法律界的立法会议员要求政府提交政府出售红湾半岛给地产商的文件和内容，并质疑售价和条件，为什么政府当初没有提出不准拆的要求？从法理中找出问题的根源和责任就是红湾半岛事件的转折点。

寻求股东关注

有些国际投资基金的评级都会考核上市招股企业的社会和环境风险，例如：涉及污染事故、劳资纠纷、侵犯人权或贪污贿赂等事情。有些国际投资评级机构，例如道琼斯可持续发展投资指数和瑞士银行都考虑上牌企业的社会和环境责任，供投资基金和股票买家参考。红湾半岛的两间发展商在香港上市招股，不乏本地、国内和国际投资者的追捧。香港地球之友把发展商要拆掉未用即弃的红湾半岛消息发给国际投资基金。而绿色和平就到其中一间地产商新鸿基股东年会上抗议拆红湾，引发股东关注。企业往往以维护股东利益为借口，只对股东负责，因此打动股东投资的良知，尤其重要。

寻求国际关注

未用即弃拆掉7幢40层高的新楼是一项世界纪录。香港地球之友决定把它申报吉尼斯世界纪录，以“表彰”地产商为香港创造的世界纪录，同时将申报“天无眼企业败德大奖”。这个“天无眼”大奖是由瑞士和几个国际环保组织连手评选，每年颁给恶劣的企业。“天无眼”的目的是监督企业行为，把其业绩行为公诸于世。这些举措给开发商带来了很大压力。

香港地球之友在此次事件中充分动员了学校、广大民众、司法机构、商业股东、国际机构等社会各界力量，成功地扭转了事件发展的方向。

红湾半岛事件不单单是一个环保问题，还关乎到社会公正、企业责任、政府治理、可持续发展原则、公共财产享用权益、公众监督、公众知情权、营商环境的风险、投资者的社会责任，公德教育和下一代的福祉。2004年底，地产商基于“充分考虑民意”、“以免影响社会和谐”，宣布不再拆迁红湾半岛。

案例分析

在本案例中，基于香港民间组织的专业化和职业化，整个倡导过程充分运用了倡导策略和方法，所有的倡导活动都在法律框架下完成，而且也达到了倡导的目标。可以说是一个非常成功的倡导合作案例，值得中国的环保民间组织借鉴和学习。

第六章　环境维权的法律保障

第一节 前 言

环境法规定了公民和组织在环境方面的权利和义务，以及在受到侵害时如何救济。这个法规体系是多层级、多主题的。在层次方面，大致可以划分为国家和地方两级：国家级法律包括全国人大和人大常委颁布的法律、国务院颁布的行政法规、国务院部门颁布的行政规章；在地方法规方面，主要有地方人大和人大常委颁布的法规和地方政府规章两级。在主题方面，可分为七类：（1）综合性环境保护法，如《环境保护法》、《城市规划法》等；（2）污染及其他公害防治法，如《大气污染防治法》、《水污染防治法》、《噪声污染防治法》等；（3）自然保护法，如《野生动物保护法》、《水土保护法》等；（4）自然资源保护法，如《土地管理法》、《森林法》、《渔业法》、《水法》等；（5）特别方面环境管理法，如《建设项目环境保护管理办法》、《全国环境监测管理条例》等；（6）环境标准法，如《标准化法》；（7）环境责任和程序法，这些散见《民法》、《民事诉讼法》、《刑法》、《刑事诉讼法》等部门法中。

通过法律的方式环境倡导，具体说来就是依照我国环境法规提供的救济途径来维护受损人权利或者保护无言的环境。故此对我国现行法律法规规定的救济途径予以梳理总结很有必要。本章把这些具体路径归纳出来，按照重要程度予以排列，每节一个途径，并配以案例和述评，以期对读者有所裨益。

第二节　调　解

调解是由第三方主持并促成争议双方当事人互相协商、达成谅解和让步，从而解决环境纠纷的活动。调解一共四种形式：（1）民间调解，是指由行政机关或者司法机关之外的个人或者单位对争议事项进行的调解，其主要包括两种形式：自行调解；人民调解委员会调解。（2）行政调解，是指行政机关依法在其职权范围内对纠纷进行的调解。（3）司法调解，是指在人民法院审判人员的主持下，对纠纷双方当事人进行劝说，促使其自愿达成协议，从而解决纠纷的活动。（4）联合调解，是指由两个或两个以上纠纷调解主体共同对争议事项进行的调解活动。

法律依据

《民事诉讼法》第八章、《水污染防治法》第86条、《大气污染防治法》第62条、《噪声污染防治法》第61条、《固体废物污染防治法》第84条、《关于适用〈中华人民共和国民事诉讼法〉若干问题的意见》第5章、《关于人民法院民事调解工作若干问题的规定》。

案例6-1：浙江省某乡雷竹园因受废气污染环境民事诉讼案——如何通过调解获得赔偿？

农户陶某的1.7亩雷竹园坐落于某电池有限公司北面，距该公司数十米。2003年9月以后，该公司的煤烟和熔化沥青废气污染越来越严重，导致附近的雷竹园竹叶逐渐变黄脱落，经济收入比原来减少80%以上。

陶某把这些情况向市环境保护局反映以后，市环境保护局会同林业竹笋研究所、农业部门的专家一同前往现场勘查，经分析和检测，确认该农户雷竹园竹笋减产是三力电池有限公司排放的废气污染所致，排除了病虫害危害和管理方面的原因，上述有关部门还为该农户出具了书面证明。农户拿着书面证明和该公司理论，该公司却一拖再托。

2004年6月，陶某起诉该公司。该公司老板主动找到陶某商量，表示愿意补偿。9月中旬，在人民法院的协调下，双方达成协议，三力电池有限公司给陶某的雷竹园赔偿经济损失1.4万元。陶某随之到法院办理了结案手续。

案例分析

本案是一起污染受害者通过调解手段维护自己合法权益的典型案例。

在本案中，农户陶某正是通过调解的方式维护了自身的环境权益，获得了赔偿。具体说来，本案应属于通过司法调解而维护污染受害者合法权益的情况。在进行司法调解的过程中，人民法院都应遵循自愿原则、合法原则、查明事实和分清是非的原则。法院调解书经双方当事人签收后，即具有法律效力，这也是法院调解与其他调解的最主要的区别。调解未达成协议或者调解书送达前一方反悔的，人民法院应当及时判决。调解达成协议并经审判人员审核后，双方当事人同意该调解协议经双方签名或者捺印生效的，该调解协议自双方签名或者捺印之日起生效；人民法院应当基于调解协议制作民事调解书；调解协议生效后一方拒不履行的，另一方可以持民事调解书申请强制执行。

小贴士

注意人民法院在诉讼中的调解有以下效力：第一，结束诉讼程序。调解协议生效，表明人民法院最终解决了双方当事人的纠纷，民事诉讼程序也因此而终结。第二，确认当事人之间的权利义务关系。第三，不得以同一诉讼标的、同一的事实和理由再行起诉。第四，不得对调解协议提出上诉。第五，有给付内容的调解协议书具有强制执行力。调解协议是双方当事人在人民法院主持下自愿达成的，一般情况下当事人都能自觉履行。如果具有给付内容的调解协议生效后，负有义务的一方当事人不履行义务时，对方当事人可以向人民法院申请强制执行。

第三节　向当地行政主管部门举报和信访投诉

举　报

所谓举报，是指公民或者单位向司法机关或者其他有关国家机关和组织检举、控告违纪、违法、犯罪，依法行使其民主权利的行为。《宪法》和法律把检举、控告也就是举报列为公民的民主权利。

法律依据

《宪法》第41条、《环境保护法》第6条、《水污染防治法》第10条、《大气污染防治法》第5条、《环境噪声污染防治法》第7条、《固体废物污染防治法》第9条。

案例6-2：河北刘某向12369热线举报使用落后生产工艺的某厂污染案——如何通过举报维护自身的环境权益?

河北省某县某小钢厂采用国家明令禁止的落后生产工艺，导致周围农田受到烟尘污染，周围村民深受其害，多次举报该厂的环境违法行为。但是该小钢厂白天不开工，夜间偷偷生产，当地环境保护部门苦于不知道该厂生产的时间，因此无法掌握该厂环境污染的证据。后周围村民刘某通过12369热线向当地环境保护部门举报了该厂生产的时间和排污规律，终于使环境行政执法人员掌握了该厂生产的第一手证据。经查，该厂使用落后生产工艺，不符合国家产业政策，属于《产业结构调整指导目录》规定的“落后生产工艺装备”范畴，是“高污染、高能耗、低产值”企业。因此，2008年3月，该县环境保护局依据《大气污染防治法》的相关规定，向县政府建议彻底取缔该小钢厂，该县人民政府根据相关法律规定，采取措施关闭了该小钢厂，消除了其对周围农田的烟尘污染。

案例分析

本案是一起通过环境举报维护自身环境权益的典型案例。在本案中，村民刘某通过12369热线向当地环境保护部门准确举报了某县某小钢厂生产的时间和排污规律是关闭该厂、消除该厂污染的主要原因。

原国家环境保护局在1997年6月17日下发的《关于建立全国环境保护举报制度的指导意见》中规定，“在1996～2000年的‘九五’期间，国家在全国开始实施环境举报制度。在2001～2005年的‘十五’期间要继续完善环境举报制度，进一步畅通群众举报渠道，建立环境监察社会监督体系，同时要全面开通12369环境保护举报热线，并逐步实行有奖举报制度。”原国家环境保护总局2001年又下发了《关于开通“12369”环保举报热线的通知》，规定：“县级环境保护局必须在2001年底前开通12369环保举报热线。目前，我国绝大多数县级以上城市开通了‘12369’环境保护举报热线。”环境污染受害者可以利用“12369”环境保护举报热线，对环境违法行为进行举报，维护自身的环境权益。此外，群众还可以通过www.12369.gov.cn网站举报环境违法行为或者查询有关资料。

小贴士

公民应向具有管辖职权的部门投诉，一般为当地的环境主管部门。但是下面这些还需要注意：港务监督部门负责船舶污染海洋纠纷的处理、渔政渔港监督部门负责船舶污染海洋渔业水域纠纷的处理、交通部门的航政机关负责内陆水域船舶污染纠纷的处理、公安部门负责社会生活噪声纠纷的处理。

信访投诉

信访，是群众来信来访的简称。指人民群众致函或走访有关部门，反映情况，并要求解决某些问题。环境信访人在发现可能造成社会影响的重大、紧急环境污染信访事项和信息时，可以就近向环境保护部门报告，当地环境保护部门应在职权范围内依法采取措施，果断处理，防止不良影响的发生和扩大，并立即报告当地人民政府和上一级环境保护部门。环境信访可以通过书信、传真、电话、电子邮件或当面来访等多种形式进行。

法律依据

《宪法》第41条、《环境保护法》第6条、《水污染防治法》第10条、《大气污染防治法》第5条、《环境噪声污染防治法》第7条、《固体废物污染防治法》第9条、《环境信访办法》。

案例6-3：江苏省齐女士向环境保护部投诉南京某小区餐馆油烟污染案——怎样通过投诉信访维护环境权益？

2008年7月23日，江苏省市民齐女士向环境保护部写信反映南京市某小区餐厅和澡堂的环境污染问题。8月上旬，环境保护部环境监察局依据群众来信信访转办单的要求，将齐女士信访的相关材料转请环境保护部华东环境保护督查中心核实查处。8月13日，华东环境保护督查中心会同江苏省环境监察局、南京市环境保护局到该小区进行了现场调查，对使用燃煤的餐馆下达责令限期改正通知，改用清洁燃料，对设备老化的责令限期重新安装油烟净化装置。

调查处理结束后，华东环境保护督查中心、江苏省环境监察局和南京市环境保护局分别多次与信访人齐女士电话联系。信访人齐女士对处理结果表示满意。

案例分析

本案是一起通过环境信访成功维护其合法环境权益的典型案例。在本案中，齐女士正是通过给环境保护行政主管部门写信的信访方式，顺利解决了困扰其多年的小区餐馆油烟污染问题。目前，环境信访在促进环境纠纷解决、保护污染受害者的合法权益方面正在发挥着越来越大的作用。污染受害者在遇到环境权益受到侵害的情况下，不妨通过写信、打电话等信访方式向环境保护行政主管部门反映问题，要求其维护自身合法权益。

小贴士

信访也是有法律法规的。2005年，国务院为此颁布了《信访条例》——此条例规定了各方的权利义务，提供了信访的各种途径。公民在信访的过程中，一定要遵纪守法，按照规定办事，切勿过激。

第四节 请求人民政府或者环境保护部门进行行政处理

环境纠纷的行政处理，是指有关人民政府或者环境行政管理机关根据纠纷当事人的请求，依法对环境纠纷作出处理决定的活动。环境污染纠纷是指因环境污染引起的单位与单位之间、单位与个人之间的矛盾和冲突，通常由于单位或个人在利用环境和资源的过程中污染和破坏环境，侵犯他人的合法权益而产生。由于环境保护行政主管部门具有专业优势，因此通过行政处理解决环境污染纠纷具有成本低、费时少、效果好等特点。

法律依据

《环境保护法》第41条第2款、《行政许可法》第81条、《行政处罚法》、《环境保护法》第27条、《大气污染防治法》第12条和第41条、《中华人民共和国水污染防治法》第86条、《中华人民共和国环境噪声污染防治法》第61条、《中华人民共和国固体废物污染环境防治法》第84条、《中华人民共和国海洋环境保护法》等。

案例6-4：吉林省图们市某造纸厂排污误农时赔偿案
——怎样通过申请行政处理维护环境权益？

2003年5月下旬，正值图们地区插秧时节。图们市某造纸厂脱墨车间将夹杂大量塑料薄膜的污水直排嘎呀河，致使农用抽水泵被塑料堵塞，水田供水短缺，红光乡龙城、松林、下嘎3个自然村226公顷插秧生产受到不同程度影响。利益受损的农民立即赶到图们市环境保护局反映造纸厂排污问题，要求厂方赔偿损失。为防止厂群矛盾激化，切实维护农民利益，图们市环境保护局于同年5月30日和6月2日先后两次在松林村召开协调会，并达成三点共识：某造纸厂提供抽水泵保障农田用水；村领导干部要组织村民抢时间插秧，力争把损失降到最低限度；厂方在年末补偿农民的农作物损失。2003年年底，图们市环境保护局会同某造纸厂、红光乡政府、农业专家对农民的农作物损失作最后一次评估，某造纸厂依据评估结果，同意向3个村的300农户支付11万元赔偿金。经吉林省图们市环境保护局积极调解，某造纸厂直排污水延误插秧农时一案结案，受害农民获11万元赔偿金。

案例分析

这起案件是污染受害者通过申请行政处理从而成功维护其环境权益、解决环境污染纠纷的成功案例。为了正确申请行政处理以解决环境污染纠纷，维护自身的合法权益，污染受害者申请行政处理应当把握如下几点：

第一，应当了解环境污染纠纷行政处理的范围。《环境保护法》规定："行政处理的环境纠纷有三种：（1）跨行政区的环境污染和环境破坏纠纷，此类纠纷，应当由有关人民政府协商解决，协商不成的，由共同上级人民政府协调解决；（2）环境污染发生后的污染责任纠纷；（3）赔偿金额纠纷。"但在实践中，许多其他环境纠纷，如停止污染侵害、排除污染妨碍、消除污染危险纠纷也有请求处理的，而且环境保护行政主管部门一般也予以受理。

第二，应当明确环境污染纠纷行政处理的管辖，并向有管辖权的环境保护行政主管部门提出申请。一般应向纠纷发生地的机关提出申请。

第三，应当以双方当事人同意为申请行政处理的前提条件。也就是说，对环境污染纠纷进行行政处理，应当以当事人的申请为前提

第四，应当知晓环境污染纠纷行政处理的程序。这些程序主要包括：（1）登记审查。环境监察执法人员在现场检查和行政执法过程中，对于当事人书面或口头申请，不管是否有权管辖，反映的情况是否属实，是否符合立案条件，都应认真登记备案，然后对是否立案进行审查。（2）立案受理。是否立案受理最迟应在接到申请之日起7日内作出决定。对不符合受理条件的，告

知当事人其解决问题的途径。（3）调查取证和鉴定。环境保护行政主管部门在案件受理后，除了对当事人双方提供的证据进行审核外，还要依法客观、公正、全面地收集与案件有关的证据，需要专业技术鉴定的，还要请相关部门作出鉴定。（4）审理。对调查取得的证据、信息及双方当事人提供的证据进行汇总分析，理顺案情，辨明是非，分清责任。如果双方当事人都愿意接受调解，应召集双方当事人进行调解。如果有一方当事人不愿意接受调解，对双方又无违法行为需查处的，告知当事人可以通过民事诉讼途径解决环境污染纠纷，行政处理结束。（5）结案。双方当事人通过调解达成协议的，环境保护行政主管部门作为见证人，留一份协议存查。对调解不成的，在告知双方当事人可采取民事诉讼途径解决。（6）执行。经过行政处理，双方当事人达成调解协议的，有义务的一方应自觉履行协议。当事人不履行协议的，而应告知另一方当事人就原污染纠纷向人民法院提起民事诉讼。

小贴士

（1）应当明确环境污染纠纷行政处理的性质。在《环境保护法》中，“行政处理”是环境保护行政主管部门对民事权益争议进行调解，没有“处罚”的意思。在当事人对处理决定不服的情况下，如果当事人向法院起诉，即构成民事诉讼案件，而不是行政诉讼案件，诉讼当事人仍是环境污染纠纷的双方当事人，不能把进行调解处理的环境行政主管部门当作被告。

（2）按照我国法律，排污单位达标排放造成的污染损失同样应负赔偿责任。

第五节　向人民法院起诉

刑事诉讼

刑事诉讼指审判机关、检察机关和侦查机关在当事人以及诉讼参与人的参加下，依照法定程序解决被追诉者刑事责任问题的诉讼活动。刑事诉讼主要包括五个阶段：立案、侦查、起诉、审判和执行。

法律依据

《中华人民共和国环境保护法》第5章第43～45条，《中华人民共和国水污染防治法》第90条，《中华人民共和国大气污染防治法》第61条，《中华人民共和国固体废物污染环境防治法》第83条，《中华人民共和国放射性污染防治法》第7章，《中华人民共和国海洋环境保护法》第94条，《中华人民共和国环境影响评价法》第35条，《中华人民共和国刑事诉讼法》及其司法解释，《中华人民共和国刑法》总则、第6章及其司法解释，最高人民法院发布《最高人民法院关于审理环境污染刑事案件具体应用法律若干问题的解释》，最高人民检察院发布《最高人民检察院关于渎职侵权犯罪案件立案标准的规定》等。

案例6-5：山西省某人民检察院诉杨某重大环境污染事故罪一案

杨某于1993年开办了一家独资企业，生产文化用纸，该工厂设立在利用黄河水灌溉农田和解决城市供水问题的引黄干渠附近。1997年10月上旬，纸厂的污水坑决口，大量污水流入与引黄干渠一闸之隔的壕沟里，将壕沟中的引黄支渠淹没，污染了当地水库库存的41万立方水，中断供水三天，造成河流管理局经济损失24.6万元，水库管委会为清除水体污染所遭受的经济损失73495元，此市的供水公司营业损失及清除污染费等共10.96万元。

法庭审理后，判决被告人杨某犯重大环境污染事故罪，判处有期徒刑二年，并处罚金5万元人民币。杨某赔河流管理局经济损失24.6万元；赔偿水库管委会经济损失37495元；赔偿供水公司经济损失75320元。

案例分析

本案值得特别关注问题是：环境污染事故责任人要承担刑事责任吗?

本案事实发生在《刑法》实施之后，被告杨某违反国家关于水污染防治的法律规定，将含有有毒物质的污水排入引黄干渠，严重污染了水体，致使市北城供水系统被污染，供水中断三天，公共财产遭受重大损失，造成重大环境污染事故，其行为已构成重大环境污染事故罪，依法应当承担刑事责任。

小贴士

关于环境污染事故责任人是否应当承担刑事责任的问题，《刑法》中有明确规定。《刑法》第338条规定了“重大环境污染事故罪”：“违反国家规定，向土地、水体、大气排放、倾倒或者处置有放射性的废物、含传染病病原体的废物、有毒物质或者其他危险废物，造成重大环境污染事故，致使公私财产遭受重大损失或者人身伤亡的严重后果的，处三年以下有期徒刑或者拘役，并处或者单处罚金；后果特别严重的，处三年以上七年以下有期徒刑，并处罚金。”

行政诉讼

环境行政诉讼，就是公民就环境争议起诉行政机关的行政诉讼活动，也就是环境保护中的“民告官”。这是公民维护自己合法权益的有力武器。按照《行政诉讼法》第2条的规定：“公民、法人或者其他组织认为行政机关和行政机关工作人员的具体行政行为侵犯其合法权益，有权依照本法向人民法院提起诉讼。”这是当前我国法院受理行政诉讼的重要法律依据。具体来说，当行政机关拒绝履行保护环境的法定职责、不依法制止违法侵害环境的行为、作出有关环境的行政行为严重影响公民权益时，公民可以向法院起诉环境行政管理机关，请求履行相关职责或者请求行政赔偿。

法律依据

《中华人民共和国行政诉讼法》第41条及《最高人民法院关于执行〈中华人民共和国行政诉讼法〉若干问题的解释》第1～5条。

案例6-6：北京市某区182户居民诉某规划委员会撤消核发的许证案——怎样通过提起环境行政诉讼维护自身合法权益?

原告是北京市某小区4号楼和6号楼的182户居民，与小区对面7号院内的某科学院环境卫生监测所和某部食品卫生监督检验所（以下简称两所）仅相隔一条马路。由于两所经常将实验用的动物尸体、粪便、饲料装在普通编织袋中通过楼里的垃圾道往下扔，堆放在一般的生活垃圾池中，因此原告生活区一带一直有刺鼻气味。原本在7号院与4号楼和6号楼之间有一小片绿化带。2001年，两所获得了某规划委员会核发的《审定设计方案通知书》和《建设工程规划许可证》，将在绿化带附近兴建一幢新的动物实验房。

2002年10月，原告182户居民曾联名提出行政复议，请求审查某规划委员会核发的《建设工程规划许可证》的合法性。11月28日，行政复议作出决定：维持某规划委员会核发的《建设工程规划许可证》。2002年12月15日，182户居民向北京市某区法院提出行政诉讼。法庭审理后，2003年6月19日，北京市某区法院对北京市原告182户居民状告北京市某规划委员会撤消核发的许可证一案作出判决：182户居民胜诉，同时撤消北京市某规划委员会下发的批文。北京市某规划委员会不服，提起上诉。二审法院审理过程中，该规划委员会又撤回了上诉。

案例分析

在本案中，值得关注的主要问题是：原告怎么起诉行政机关？

根据《行政诉讼法》，提起行政诉讼需要满足以下条件：

首先，公民所起诉的行政机关及其工作人员是清楚的、具体的。公民、法人或者其他组织直接向人民法院提起诉讼的，作出具体行政行为的行政机关是被告。经复议的案件，复议机关决定维持原具体行政行为的，作出原具体行政行为的行政机关是被告；复议机关改变原具体行政行为的，复议机关是被告。一般来说，除了在当地辖区内属于重大、复杂的案件之外，环境行政诉讼应当向基层人民法院提起诉讼，由最初作出具体行政行为的行政机关所在地人民法院管辖。

其次，环境行政诉讼必须针对“具体行政行为”提出。“具体行政行为”是指行政机关和行政机关工作人员从事的行政处罚、行政强制措施等在内的行为类型，《行政诉讼法》第11条明确规定了具体行政行为的种类。与上述具体行政行为相对应，如果公民仅仅对某项环境保护行政法规、规章或者环境保护行政机关制定、发布的具有普遍约束力的决定、命令不服，则不能提出环境行政诉讼。值得注意的是，人民法院审理环境行政案件，不适用调解。

再次，起诉应当符合法定的期限。由于具体的环境行政行为与保护环境、防治污染以及人民身体健康关系十分密切，有时甚至是非常紧急的，必须及时解决，因此环境行政诉讼的诉讼时效比较短。

小贴士

根据法律规定，我国行政诉讼中有两种时效：直接向人民法院起诉的，诉讼时效为3个月（例外：环境行政处罚行为应当在15天内提起诉讼）；对行政复议不服的，诉讼时效为15天（例外：《森林法》、《草原法》、《渔业法》规定为30天），从收到复议决定时开始计算。可见，仅有“告官”的权利意识是不够的，还要有时间观念。

民事诉讼

环境民事诉讼，是指环境法主体在其环境权利受到或可能受到损害时，依法向人民法院提出诉讼请求，人民法院依法进行审理和裁判的活动。在提起环境民事诉讼的过程中，污染受害者要注意如下问题：

（1）起诉条件。

（2）诉讼当事人。

（3）证据种类：包括书证、物证、视听资料、证人证言、当事人的陈述、鉴定结论、勘验笔录等七类。

（4）举证责任。

（5）因果关系。

（6）诉讼时效。

法律依据

《民法通则》第7章，《民事诉讼法》，《环境保护法》第41～42条，《水污染防治法》第87～89条，《大气污染防治法》第62条，《噪声污染防治法》第61条，《固体废物污染防治法》第84条、第86～87条，《关于适用〈中华人民共和国民事诉讼法〉若干问题的意见》。

案例6-7：江苏省郭某诉某食品公司环境污染损害赔偿案——环境污染诉讼中原告应该承担哪些举证责任？

原告江苏省郭某诉称：原告自1984年起利用鱼塘进行淡水养殖。1987年，因被告某食品公司排放大量污水，造成原告成鱼大量死亡。后来，双方经村组织出面进行了处理，达成了处理协议，被告赔偿了部分经济损失，并承诺不再向原污染河道排污。1991年，原告重新开挖池塘进行甲鱼养殖，当年甲鱼未有死亡。1992年底，甲鱼不明原因大量死亡，至1993年底累计死亡达300余斤。为此，原告请有关技术人员、专家会诊，均排除了病死的可能。后调查发现被告在1992年又向原污染河道大量排污。因原告鱼塘除被告排放的污水外，没有污染源，故导致原告甲鱼大量死亡的原因是被告排污所致，要求被告赔偿经济损失5万元及鱼池报废损失2万元。

被告某食品公司辩称：1990年5月26日，该食品公司曾委托原告所在村组织处理了与原告间的水污染损害赔偿一案，处理意见书明确载明，从领款之日以后，任何人不可在村内、组内的沟河内养鱼。原告在处理意见书上签名并领取了赔偿金，这说明原告已认可了意见书的条款。所以，原告甲鱼死亡即使是被告污染所致，责任亦应自负。而且就现有情况看来也难以认定甲鱼死亡是被告所致。原告方养殖的甲鱼死亡在年底，此时本单位制饮料期已过，此期间不再排污。由于以上理由，被告认为对此不应负责。

在举证和质证过程中，原告提供的证据是：县环境监测站00087号监测报告单，证明1994年5月30日、1994年8月24日经当地县环境保护局对池水进行监测化验，发现池水中含大量有毒物质，不能作为养殖用水。被告提供的证据是：村委会留存的1990年5月26日处理意见书，证明1990年5月26日，原告所在村村民委员会为被告方有水源污染一事组织养鱼户进行处理，并形成书面处理意见，赔偿养鱼户的经济损失，处理意见中同时明确从领款之日后，在村内的沟河不可养鱼。本案原告是养育甲鱼户之一，在意见书上签名并领取了赔偿款。另外，被告辩称，对于原告举证1994年5月30日、8月26日环境监测站监测报告，被告认为，其时与甲鱼死亡已有半年之隔，不能说明当时情况。

法庭审理后，本案一审判决驳回原告郭某的诉讼请求，原告不服，提出上诉，上诉法院判决维持原判。

案例分析

原告江苏省郭某与被告某食品公司环境污染损害赔偿案一案，双方当事人争议的焦点是：如何认定被告污染环境与原告的损失之间有无因果关系？被告是否应当按照举证责任倒置的原则证明自身没有导致原告的损失？

关于第一个问题，本案中被告人1990年排放污水致使村民养殖的成鱼死亡，这已得到双方的认可，并形成了处理意见书，由被告赔偿养鱼户的损失，这在一定程度上可以证明被告排污与村民成鱼死亡之间存在一定的因果关系。在此之后，原告开挖鱼池养殖甲鱼，被告继续排污，甲鱼不明原因死亡。如果单从表面的现象来看，被告排污与原告的甲鱼死亡之间似乎存在因果关系。但是，通过诉讼过程中的调查取证，法院最终否定了这种因果关系的存在。

而关于第二个问题，原告坚持认为，环境污染致人损害的侵权行为是一种特殊侵权行为。但是，其所提出的“侵权事实”必须具备一定的条件，才能导致举证责任倒置规则的适用。这些条件包括：原告方受到一定的损失；这种损失经证明是因环境污染所导致；在相关的时间和地域内存在可能致损的污染源。只有符合这三个条件，才能引起举证责任倒置规则的适用，否则应视为原告未提出合适的“侵权事实”。在本案中，原告未证明以下事实：甲鱼死亡是因水池中的超量有害物质所致；在被告排放的污水中含有这种有害物质。

因此，本案法院最终认定，原告主张的“被告人污染环境行为是导致原告甲鱼死亡的惟一原因，以及二者之间存在必然的联系”缺乏事实根据。这也就意味着，在环境污染致人损害的案件中，原告并不是免除了所有的举证责任。

小贴士

民事诉讼举证责任的一般原则是“谁主张、谁举证”，即“当事人对自己提出的主张，有责任提供证据”。然而，在环境民事诉讼中，实行的是“举证责任倒置”，也就是因环境污染引起的损害赔偿诉讼，由加害人就法律规定的免责事由及其行为与损害结果之间不存在因果关系承担举证责任，否则就要承担不利的法律后果。

在一般侵权民事诉讼中，原告应当对被告的行为或者物件是其受到的损害的原因举证，即原告负责证明存在因果关系。在环境民事诉讼中则不同，在确定因果关系时，应当采用因果关系推定法认定因果关系成立；如果作为被告的污染方否认这一因果关系的存在，则应当举出相反的证据予以证明，否则就要承担不利的法律后果。

第六节　向法律援助机构或者民间环境保护组织寻求法律援助

污染受害者在求助于政府、媒体和司法无果的情况下，可以考虑向民间环保组织请求获得帮助。目前，民间环保组织正在成为推动环境保护事业发展的重要力量，在污染受害者维护自己合法的环境权益的过程中具有重要作用。

法律依据

《固体废物污染环境防治法》第84条第3款、《水污染防治法》第88条、《国务院关于落实科学发展观　加强环境保护的决定》。

案例6-8：河南省某市张某诉河南省某化工集团有限公司水污染损害赔偿案——怎样求助民间环保组织获得赔偿？

1999年8月30日，河南省某市下岗工人张某和宿鸭湖水库管理局水产站签订了为期两年的利用宿鸭湖水面的养鱼合同，2000年元月开始投苗养殖，先后投资38.3万元。2000年9月27日上午10时，张某的养殖水面水质发生突变，从上游流入大量未经处理的带刺鼻气味的污水，接着他养殖的鱼就开始大量死亡，并最后死光。经张某事后自查，鱼致死原因为2000年9月25～26日该市连降大雨，某化工集团有限公司内积水严重，该公司净化池与厂区积水平溢，氨水大量外泻，该公司利用推倒东围墙的办法向外急排厂区未经任何处理的有毒积水，致使此污水沿该公司原排污渠道急流入宿鸭湖，并直接冲进处于其宿鸭湖排污口正下方的张某的养殖水面，致使张某养殖的湖鱼中毒死亡。

中国政法大学污染受害者法律帮助中心在2003年6月4日接到张某的求助信后，认真研究了此案，并委托中心的志愿律师前往调查取证。经过调查，在确定可以作为中心的帮助案件后，委托志愿律师作为张某的代理律师帮助其进行维权诉讼。经过一年多的诉讼，该市驿城区人民法院于2004年11月6日作出判决，让被告赔偿原告张某死鱼损失120 000元。一审判决后，被告不服，向该市中级人民法院提起上诉，又经过9个月的审理，中级人民法院于2005年8月22日作出二审判决，驳回上诉，维持原判。

该案判决后，长期得不到执行，经过当事人和律师千辛万苦的努力，原告才于2007年5月最终拿到了赔偿金。

案例分析

污染受害者在寻求民间环保组织的帮助获得赔偿的过程中应当注意以下两方面问题：

一方面，尽量向成熟的民间环保组织求助，以免受骗上当。污染受害者最好仔细分析要求助的民间环保组织的章程，通过网络等手段研究该组织的相关案例，认真了解清楚该组织有无环境法律援助的内容。建议在以上情况都清楚了解的情况下，再寻求帮助。

另一方面，按照各民间环保组织的受案要求和规则向其寻求帮助。比如，本案中的中国政法大学污染受害者法律帮助中心可以为污染受害者提供法律帮助，垫付部分诉讼费用，其条件是：因环境污染而受到危害的当事人；当事人确实无力支付诉讼费和律师代理费用；案件具有代表性、普遍性和典型性；重大、疑难环境污染案件。符合上述条件的当事人，在向污染受害者法律帮助中心提出申请时，还应当填写法律帮助案件登记审批表；提交身份证复印件和住所地居委会或村委会证明；提交家庭经济状况证明；提供案件真实情况及证据材料。当然，除了本案中的污染受害者法律帮助中心外，中华环保联合会等组织也有专门的法务部门为污染受害者提供法律帮助，但污染受害者只有符合既定条件并履行了相关手续，才可能获得相关民间环保组织的法律援助。

小贴士

目前，全国比较有影响力的民间环保组织除了本案中的中国政法大学污染受害者法律帮助中心，主要还有北京地球村环境文化中心、自然之友、中华环保联合会、绿色家园、北京天恒可持续发展研究所、中华环境保护基金会、环境文化促进会等。

第七节 参加听证会

听证是指行政机关在做出行政决定之前，听取利害关系人意见的法律程序。希望参加听证会的公民、法人或者其他组织，应当按照听证会公告的要求和方式提出申请，并同时提出自己所持意见的要点。被选定参加听证会的组织的代表参加听证会时，应当出具该组织的证明，个人代表应当出具身份证明。被选定参加听证会的代表因故不能如期参加听证会的，可以向听证会组织者提交经本人签名的书面意见。个人或者组织可以凭有效证件按规定，向听证会组织者申请旁听公开举行的听证会。

法律依据

《宪法》第2条、第41条，《行政处罚法》，《行政许可法》第30条、条33条，《环境噪声污染防治法》第13条，《环境影响评价法》第5条、第11条、第21条，《环境信访办法》，《环境保护行政主管部门政务公开管理办法》，《环境保护行政许可听证暂行办法》，《环境影响评价公众参与暂行办法》，《环境信息公开办法（试行）》。

案例6-9：浙江省某市环境保护局就某酒店建设项目环境影响评价举行听证——公众如何参与环境影响评价听证？

2006年5月，浙江省某市环境保护局召开首次环境保护行政许可听证会，就某酒店是否造成环境污染举行听证。

参加听证会的除酒店业主外，还有位于酒店附近的某小区的9位代表、某街道及社区居委会有关负责人和环境影响评价单位负责人出席了会议，该市人大办公室、市政府法制办等部门的有关领导列席了会议，另有16位公众代表旁听了听证会全过程。

行政许可审查人员首先就受理某酒店设立的环境问题提出了初步审查意见理由和依据；酒店业主乔某就设立酒店存在的油烟、噪声、污水等环境问题陈述了改进的措施和意见；参加听证会的8位利害关系人代表依次做了陈述，并就酒店设立存在的环境问题相继提出了自己的意见；项目环境影响评价单位某市环境科学研究所负责人就该酒店的环境影响依据国家现行有关政策和标准进行的评价作了介绍。

会后，共收到参加听证会代表填写的"公众调查表"35份。环境保护部门对"公众调查表"和各方陈述的意见进一步汇总形成了听证报告，并将之作为作出是否批准环境影响评价决定的重要评定依据。

案例分析

本案是一起关于公众如何参与环境影响评价听证的案例。应当注意的是，公众在环境影响评价听证中享有如下权利：依法申请听证主持人回避；可以亲自参加听证，也可以委托一至二人代理参加听证；对建设项目环境影响报告书提出问题和意见；对相关问题进行辩论；对证据进行质证；听证结束前进行最后陈述；审阅并核对听证笔录；查阅案卷。

小贴士

公众在环境影响评价听证中应履行如下义务：按照组织听证的环境保护行政主管部门指定的时间、地点出席听证会；如实反映对建设项目环境影响的意见；如实回答听证主持人的询问；遵守听证会纪律，并保守有关技术秘密和业务秘密。旁听人应当遵守听证会纪律，不享有听证会发言权，但可以在听证会结束后，向听证会主持人或者有关单位提交书面意见。

除上述各种维权途径外，污染受害者还可以通过与排污者协商、向人大代表或新闻媒体反映情况等方式进行来维权自己的环境利益。

第八节　自力救济

合法的自力救济通常属于正当防卫。正当防卫，是指为了使国家、公共利益、本人或者他人的人身、财产和其他权利免受正在进行的不法侵害，采取对不法侵害人造成损害的方法，制止不法侵害，没有明显超过必要限度造成重大损害的防卫行为。紧急避险，为了使国家、公共利益、本人或者他人的人身、财产和其他权利免受正在发生的危险，不得已采取的避险行为。

法律依据

《中华人民共和国刑法》第20～21条。

案例6-10：云南省宾某等涉嫌聚众扰乱社会秩序罪案
——怎样正确行使正当防卫权和紧急避险权？

某水泥厂于1985年建成投产，属云南省某市河下区人民政府管辖。该厂设备落后，长期超标排污，与周围1000多村民发生了环境污染纠纷。1995年以来，污染受害者大规模群体上访。2000年1月，市环境保护局与河下区政府责令该厂限期治理，于2000年5月31日前完成。2000年3月9日，云南省环境保护局明确要求，某水泥厂直径2.5米机立窑生产线应在2000年年底之前做到达标排放，逾期达不到的也应予以关闭。但是，该水泥厂直到2000年年底都未启动治理项目。2001年1月，该厂开展恢复生产的准备工作，并经河下区政府促成，租赁给一位浙江老板经营，租期5年。污染受害者听闻该消息后情绪激愤，要求河下区政府将其关闭，未果。2001年2月，宾某、宋某、黄某等137名原告向河下区法院起诉，要求某水泥厂“永久性地停止侵害”。2001年4月，一审法院认定该厂“已停止生产，无损害结果”，判决驳回原告的诉讼请求；村民不服，提起上诉，二审法院维持原判。结果，某水泥厂没有完全停止生产，每天晚上逃避环境保护部门的监管，偷偷生产。村民无奈，于2001年5月和8月两次推倒了水泥厂一段13米的围墙，并剪断了电线。河下区的公安机关确认村民给水泥厂“造成直接及间接经济损失33.9万元”，以涉嫌聚众扰乱社会秩序罪对宾某、宋某和黄某等3名原告进行了拘留、逮捕。后来，河下区检察院以不构成犯罪为由，释放了宾某、宋某和黄某。

案例分析

在本案中，宾某等3人是构成聚众扰乱社会秩序罪呢还是正当防卫？

《刑法》中的聚众扰乱社会秩序行为，是指在首要分子的组织、策划、指挥下，聚众扰乱社会秩序，情节严重，致使工作、生产、营业和教学、科研污染进行，造成严重损失的行为。从表面上看，宾某等三人的行为的确符合该罪的构成要件。但经仔细分析不难看出，宾某等三人的行为属于正当防卫。

正当防卫的构成要件有五个方面：（1）有不法侵害行为：某水泥厂的确存在着侵害行为。某水泥厂逃避环境保护部门的监管违法排污的行为每晚均在发生，每次违法排污的发生均会对周围村民的人身和财产造成损害。（2）不法侵害行为正在进行：某水泥厂的污染行为正在进行——某水泥厂二审后，没有完全停止生产，每天晚上逃避环境保护部门的监管，偷偷生产。（3）为了保护正当的权益：村民的生命健康和财产是法律上的正当权益。（4）采取的措施应当不能超过必要限度。本案中，在无法进入厂房且无法搞清水泥厂工艺的情况下，村民推倒了某水泥厂的围墙，并剪断了电线，这些行为是为了阻止某水泥厂的违法排污侵害所必需的。（5）采取的措施必须针对不法侵害。村民的防卫措施是针对不法侵害人某水泥厂的，并没有损害与污染不相干的第三人的利益。综上所述，本案中，包括宾某等三人在内的村民推倒围墙、剪断了电线的行为属于《刑法》中的正当防卫。

小贴士

污染受害者除了正当防卫外，还可以以紧急避险保护自己的正当权益。

需要说明的是，正当防卫和紧急避险还存在诸多区别：（1）危险的来源不同。正当防卫的起因条件是他人的不法侵害，而紧急避险的起因条件是一种危险，除违法排污和破坏环境资源造成的人为损害外，还可以包括自然灾害等非人为的损害。（2）损害程度的限度不同。正当防卫所造成的损害可以大于或等于所要保护的利益，而紧急避险所造成的损害不能等于更不能大于所要保护的利益。（3）对行为的限制不同。紧急避险要求必须是不得已的，没有其他更好的办法而采取的。而正当防卫则无此要求。（4）行为针对的对象不同。正当防卫要求打击的对象只能是不法侵害者本人，而紧急避险则可以是无辜的第三方。